高等职业院校前沿技术专业特色教材

丛书主编 杨云江

Linux 操作系统

刘睿 主 编

包大宏 兰晓天 李吉桃 王仕杰 吴晓清 张宏洲 副主编

清華大学出版社

北京

内 容 简 介

本书根据《国家职业教育改革实施方法》《关于在院校实施"学历证书＋若干职业技能等级证书"制度试点方案》等文件精神设计和编写，定位为专业基础课教材，内容涵盖 Linux 系统操作和配置管理的相关内容，由长期从事计算机基础教学且经验丰富的一线教师编写。

本书内容包括 Linux 系统概述、文件系统管理、账户与权限管理、磁盘配置管理、服务与进程、软件安装与包管理、网络管理、系统安全配置、Shell 编程等。本书通过项目情景引入，设计的任务由浅入深、循序渐进，与学习者的学习、生活、就业密切相关。全书内容翔实、语言简练、图文并茂，具有较强的可操作性和实用性。将思政教育理念融入教材之中是本书的亮点和特色。

本书既可作为高职计算机相关专业的教材，也可作为有关专业技术人员的培训教材，同时还可作为网络管理工作者和 Linux 爱好者的参考书。

图书在版编目(CIP)数据

Linux 操作系统/刘睿主编. —北京：清华大学出版社，2023. 9(2025. 2 重印)
高等职业院校前沿技术专业特色教材
ISBN 978-7-302-64013-4

Ⅰ. ①L… Ⅱ. ①刘… Ⅲ. ①Linux 操作系统－高等职业教育－教材 Ⅳ. ①TP316. 85

中国国家版本馆 CIP 数据核字(2023)第 124600 号

责任编辑：王剑乔
封面设计：刘　键
责任校对：李　梅
责任印制：丛怀宇

出版发行：清华大学出版社
网　　址：https://www. tup. com. cn，https://www. wqxuetang. com
地　　址：北京清华大学学研大厦 A 座　　**邮　　编**：100084
社 总 机：010-83470000　　**邮　　购**：010-62786544
投稿与读者服务：010-62776969，c-service@tup. tsinghua. edu. cn
质量反馈：010-62772015，zhiliang@tup. tsinghua. edu. cn
课件下载：https://www. tup. com. cn，010-83470410
印 装 者：涿州市般润文化传播有限公司
经　　销：全国新华书店
开　　本：185mm×260mm　　**印　　张**：10. 5　　**字　　数**：250 千字
版　　次：2023 年 9 月第 1 版　　**印　　次**：2025 年 2 月第2 次印刷
定　　价：39. 00 元

产品编号：089321-01

高等职业院校前沿技术专业特色教材

编审委员会

丛书总序言

习近平总书记在党的二十大报告中指出：教育、科技、人才是全面建设社会主义现代化国家的基础性、战略性支撑。必须坚持科技是第一生产力、人才是第一资源、创新是第一动力，深入实施科教兴国战略、人才强国战略、创新驱动发展战略。这三大战略共同服务于创新型国家的建设。职业教育与经济社会发展紧密相连，对促进就业创业、助力经济社会发展、增进人民福祉具有重要意义。

近年来，党和国家在重视高等教育的同时，给予了职业教育更多的关注，2002年和2005年国务院先后两次召开了全国职业教育工作会议，强调要坚持大力发展职业教育；2005年下发的《国务院关于大力发展职业教育的决定》，更加明确了要把职业教育作为经济社会发展的重要基础和教育工作的战略重点；2019年2月，教育部颁布了《国家职业教育改革实施方案》，2019年4月教育部颁布了《高职扩招专项工作实施方案》，2021年4月国务院颁布了《中华人民共和国民办教育促进法实施条例》，进一步加大了职业教育的办学力度；2022年全国人大常委会颁布了《中华人民共和国职业教育法》，更是从政策和法律层面为职业教育提供了保障。党和国家针对职业教育工作出台的一系列方针和政策，体现了对职业教育的高度重视，为我国的职业教育指明了发展方向。

高等职业教育是职业教育的重要组成部分。由于高等职业学校着重于学生技能的培养，学生的动手能力较强，因此其毕业生越来越受到社会各行各业的欢迎和关注，就业率连续多年保持在90%以上，从而促使高等职业教育呈快速增长的趋势。自开展高职教育以来，高等职业学校的招生规模不断扩大，发展迅猛，仅2019年就扩招了100万人。目前，全国共有高等职业院校1300多所，在校学生人数已达1000万人。

质量要提高、教学要改革，这是职业教育教学的基本理念。为了达到这个目标，除了要打造良好的学习环境和氛围、配备高效的管理队伍、培养优秀的师资队伍和教学团队外，还需要高质量的、符合高职教学特点的教材。根据这一理念以及《教育部、财政部关于实施中国特色高水平高职学校和专业建设计划的意见》(教职成〔2019〕5号)的文件精神："组建高水平、结构化教师教学创新团队，探索教师分工协作的模块化教学模式，深化教材与教法改革，推动课堂革命"，本套丛书编审委员会以贵州省建设大数据基地为契机，组织贵州、云南、山西、广东、河北等省的二十多所高等职业院校的一线骨干教师，经过精心组织、充分酝酿，并在广泛征求意见的基础上，编写出这套云计算与大数据方向、智能科学与人工智能方向、电子商务与物联网方向、数字媒体与虚拟现实方向的"高等职业院校前沿技术专业特色教材"系列丛书，以期为推动高等职业教育教材改革做出积极而有益的实践。

按照高职教育新的教学方法、教学模式及教学特点，我们在总结传统教材编写模式及特点的基础上，对“项目—任务驱动”的教材模式进行了拓展，以“项目＋任务导入＋知识点＋任务实施＋上机实训＋课外练习”的模式作为本套丛书主要的编写模式，但也有针对以实用案例导入进行教学的“项目—案例导入”结构的拓展模式，即“项目＋案例导入＋知识点＋案例分析与实施＋上机实训＋课外练习”的编写模式。

本套丛书具有以下主要特色。

特色之一：涵盖了全国应用型人才培养信息化前沿技术的四大主流方向：云计算与大数据方向、智能科学与人工智能方向、电子商务与物联网方向、数字媒体与虚拟现实方向。

特色之二：注重理论与实践相结合，强调应用型本科及职业院校的特点，突出实用性和可操作性。丛书的每本教材都含有大量的应用实例，大部分教材都有1～2个完整的案例分析，旨在帮助学生在每学完一门课程后，都能将所学知识应用到相关的工程中。

特色之三：每本教材的内容全面且完整、结构安排合理、图文并茂，文字表达清晰、通俗易懂，知识循序渐进，旨在更好地帮助读者学习和理解教材的内容。

特色之四：每本教材的主编及参编者都是长期从事高职前沿技术专业教学的高职教师，具有扎实的理论知识、丰富的教学经验和工程实践经验。本套丛书就是这些教师多年教学经验和工程实践经验的结晶。

特色之五：编委会成员由有关高校及高职的专家、学者及领导组成，负责对教材的目录、结构、内容和质量进行指导和审查，以确保教材的质量。

特色之六：丛书引入出版业最新技术——数字资源技术，将主要彩色图片、动画效果、程序运行效果、工具软件的安装过程以及辅助参考资料以二维码形式呈现在书中。

特色之七：将逐步建设和推行微课教材。

希望本套丛书的出版能为我国高等职业教育尽微薄之力，更希望能给高等职业学校的教师和学生带来新的启示和帮助。

谢　泉
2023年1月

前言

操作系统的产生和发展彻底改变了人们的工作和生活方式，它在为人们带来极大方便的同时，也对我们使用操作系统实施管理提出了更高的要求。为此，我们组织课程教学经验丰富的"双师型"骨干教师联合企业工程师编写了这本适合在校学生和广大计算机爱好者使用的《Linux 操作系统》。

本书以 9 个项目为载体，内容包括 Linux 系统概述、文件系统管理、账户与权限管理、磁盘配置管理、服务与进程、软件安装与包管理、网络管理、系统安全、Shell 编程等。

本书内容和结构合理，条理清晰。教师可使用本书轻松地完成备课、讲解、指导实习；学习者可通过课本、实验、网络等渠道全方位地进行学习，使教与学、学与用紧密结合。全书以项目为载体，以任务为驱动，将思政元素有效地融入课程，强化职业素养的提升，从而实现课程教学目标。

本书建议 72 学时的教学（含理论和实训，比例为 1∶1）。本书在广泛征求高职高专院校授课教师意见的基础上编写完成，这使本书内容紧跟市场发展和企业需求的变化，以学习者为中心，充分体现了现代高职教育的特色。

本书由贵州经贸职业技术学院刘睿担任主编并统稿；由贵州经贸职业技术学院包大宏、兰晓天、李吉桃、吴晓清、张宏洲和贵州工商职业学院王仕杰担任副主编。具体编写分工如下：项目 1 由包大宏编写；项目 2、3、4、7 由刘睿编写；项目 5 由吴晓清编写；项目 6 由李吉桃编写；项目 8 由兰晓天编写；项目 9 由张宏洲和王仕杰编写。

贵州理工学院信息网络中心原主任、贵州工商职业学院特聘专家杨云江教授担任丛书总主编和本书的主审，负责本书架构的设计和审定，以及书稿内容的初审工作。

在本书编写过程中，许多兄弟院校的教师和相关企业给予了我们很多关心和帮助，并提出了许多宝贵的意见，对于他们的关心、帮助、意见和支持，编者在此表示感谢！

由于计算机操作系统技术发展迅速，应用软件版本更新较快，加上作者水平有限、时间仓促，疏漏之处在所难免，恳请广大专家和读者批评指正。

编　者

2023 年 5 月

目录

项目1 认识和安装 Linux 系统 …… 1

任务 1 认识 Linux 系统 …… 2
学习情境 1 认识操作系统 …… 2
学习情境 2 了解 Linux 系统的起源与发展 …… 5
学习情境 3 认识 Linux 系统的版本 …… 6
任务 2 安装和配置 Linux 系统 …… 8
学习情境 1 安装 Linux 系统 …… 8
学习情境 2 配置 Linux 系统 …… 19
学习情境 3 启动 Linux 系统 …… 22
任务 3 掌握 Linux 系统的基本操作 …… 23
习题 …… 25

项目 2 管理 Linux 文件系统 …… 26

任务 1 认识文件系统 …… 27
学习情境 1 初识文件系统 …… 27
学习情境 2 认识文件系统的类型 …… 27
学习情境 3 认识文件系统目录结构 …… 28
任务 2 认识文件和目录管理 …… 29
学习情境 1 掌握文件和目录操作命令 …… 29
学习情境 2 熟悉帮助命令 …… 38
学习情境 3 熟悉日期和时间命令 …… 41
学习情境 4 熟悉重定向和管道命令 …… 43
任务 3 认识文档编辑 …… 44
学习情境 1 掌握文档编辑器 Vim …… 44
学习情境 2 掌握文档编辑常用命令及操作 …… 45
习题 …… 48

项目 3 掌握账户与权限管理 …… 49

任务 1 掌握用户和组管理 …… 49

学习情境 1　了解 Linux 账户类型 …… 50
学习情境 2　了解用户管理 …… 50
学习情境 3　管理用户组 …… 52
学习情境 4　熟知相关系统的配置文件 …… 53
任务 2　熟知权限管理 …… 55
学习情境 1　了解查看文件和目录权限 …… 55
学习情境 2　设置文件和目录权限 …… 56
任务 3　特殊权限 …… 58
学习情境 1　设置 SET 位权限 …… 58
学习情境 2　设置粘滞位权限(SBIT) …… 59
任务 4　掌握文件访问控制列表 …… 60
学习情境 1　设置 FACL …… 60
学习情境 2　管理 FACL …… 61
习题 …… 62

项目 4　管理磁盘配置 …… 64

任务 1　磁盘管理 …… 64
学习情境 1　了解磁盘的添加步骤 …… 64
学习情境 2　掌握磁盘的分区技术 …… 69
学习情境 3　掌握磁盘格式化 …… 73
任务 2　挂载文件系统 …… 74
学习情境 1　创建文件系统 …… 74
学习情境 2　了解挂载点 …… 74
学习情境 3　卸载文件系统 …… 76
任务 3　配置 RAID …… 77
学习情境 1　了解 RAID …… 77
学习情境 2　配置软 RAID …… 77
学习情境 3　配置 RAID5 和备份盘 …… 81
任务 4　LVM 逻辑卷管理 …… 84
学习情境 1　了解 LVM …… 84
学习情境 2　管理 LVM …… 85
习题 …… 90

项目 5　认识服务与进程 …… 91

任务 1　熟知系统启动与配置 …… 91
学习情境 1　了解系统的启动过程 …… 91
学习情境 2　了解 systemd 初始化进程 …… 92
任务 2　熟知服务管理技术 …… 94
学习情境 1　了解服务的概念 …… 94

学习情境 2 systemctl 命令 …… 94
任务 3 掌握进程管理技术 …… 96
学习情境 1 了解进程的概念 …… 96
学习情境 2 了解进程启动过程 …… 96
学习情境 3 掌握查看进程命令 …… 97
学习情境 4 掌握进程终止命令 …… 102
习题 …… 104

项目 6 安装和管理软件包 …… 105

任务 1 用 RPM 安装和管理软件包 …… 105
学习情境 1 了解 RPM …… 105
学习情境 2 利用 RPM 进行软件包管理 …… 106
任务 2 用 YUM 安装软件包 …… 109
学习情境 1 了解 YUM …… 109
学习情境 2 配置 YUM 源 …… 110
学习情境 3 应用 YUM …… 110
任务 3 用源码安装软件包 …… 112
学习情境 1 了解源码编译 …… 112
学习情境 2 用源码安装软件 …… 112
习题 …… 113

项目 7 掌握网络配置技术 …… 114

任务 1 熟知网络配置 …… 114
学习情境 1 熟知网卡参数配置 …… 115
学习情境 2 熟知主机名配置文件 …… 119
任务 2 掌握网络管理命令 …… 120
学习情境 1 掌握网络接口配置命令 ifconfig …… 120
学习情境 2 掌握网络检测命令 ping …… 121
学习情境 3 掌握查看网络信息命令 netstat …… 122
学习情境 4 掌握管理路由命令 route …… 123
习题 …… 125

项目 8 掌握系统安全配置 …… 126

任务 1 配置防火墙 …… 126
学习情境 1 了解 iptables …… 126
学习情境 2 了解 firewalld …… 130
任务 2 优化系统安全 …… 134
学习情境 1 掌握密码安全技术 …… 134
学习情境 2 掌握用户切换提权技术 …… 135

习题…………………………………………………………………………………………… 136

项目9 Shell编程 ……………………………………………………………………………… 138

任务1 Shell程序设计 ……………………………………………………………………… 138
学习情境1 认识Shell ………………………………………………………………… 138
学习情境2 编写一个Shell程序 ……………………………………………………… 139
学习情境3 了解变量…………………………………………………………………… 140
学习情境4 认识参数传递……………………………………………………………… 142
学习情境5 认识运算符………………………………………………………………… 142
学习情境6 了解输入与输出…………………………………………………………… 148
学习情境7 掌握流程控制语句………………………………………………………… 149
学习情境8 了解函数应用……………………………………………………………… 153
任务2 调试Shell程序 ……………………………………………………………………… 153
习题…………………………………………………………………………………………… 154

参考文献……………………………………………………………………………………… 155

项 目 1

认识和安装Linux系统

Linux 操作系统是一套开源免费的操作系统，具有较高的安全稳定性和强大的网络功能，具有多用户、多任务等诸多特点，在服务器搭建、开发环境等领域得到越来越广泛的应用。

【知识能力培养目标】

(1) 了解 Linux 操作系统的历史、版本及其特点。

(2) 掌握 CentOS Linux 7 操作系统的安装与配置。

(3) 掌握 Linux 操作系统的基本操作。

【课程思政培养目标】

课程思政培养目标如表 1-1 所示。

表 1-1 课程思政培养目标

教学内容	思政元素切入点	育 人 目 标
操作系统	回顾操作系统的发展历程，了解国产操作系统的发展和现状(银河麒麟操作系统、鸿蒙操作系统)，理解自主产权对我国的重大意义	感悟我国科技水平发展的日新月异，国产操作系统的崛起。激发学生的爱国主义情怀和学习积极性
Linux 系统	Linux 是开源软件，全球程序员都可以为其增加功能，全世界都可以免费使用。我们学生在技术上遇到难题时，也要集思广益，团结协作一起解决	培养学生无私奉献的精神
Linux 的发展历程	在讲授 Linux 历史时，讲到 Linux 是由当时 28 岁的芬兰青年李纳斯·托沃兹设计开发的，迄今为止，他一直负责内核的维护。可以说是一生做好一件事的“工匠精神”的杰出代表，勉励学生们也要学习这种精神，钻研技术，持之以恒	培养学生刻苦学习、认真做事的“工匠精神”

任务1　认识 Linux 系统

学习情境1　认识操作系统

操作系统是计算机系统中的一个系统软件，作为一个程序集合，管理和控制计算机系统中的硬件和软件资源，合理组织计算机的工作，将计算资源有效整合后为用户提供一个安全可靠、使用方便且可扩展的工作环境，在计算机和用户之间起到桥梁作用。

操作系统主要功能包括进程管理、存储管理、设备管理、文件管理、作业管理等。

操作系统根据不同的用途分为不同的种类，从功能角度分析，分别有实时系统、批处理系统、分时系统、网络操作系统等。

随着时代的发展，计算机已经成为我们生活中不可或缺的一部分，下面介绍几种被广泛使用的计算机操作系统及国产操作系统。

1. Windows 操作系统

Windows 操作系统是由美国微软公司开发的图形操作系统，其系统界面友好，窗口制作优美，操作动作易学，多代系统之间有良好的传承，计算机资源管理效率较高，在世界范围内占据了桌面操作系统绝大部分的市场，如图 1-1 所示。

图 1-1　Windows 操作系统

2. macOS 操作系统

macOS 操作系统是苹果公司为 Mac 系列产品开发的专属操作系统，是一套运行于苹果 Mac 系列计算机上的操作系统，macOS 是首个在商用领域取得成功的图形用户界面系统，如图 1-2 所示。

3. Linux 操作系统

Linux 操作系统是一套免费使用和自由传播的类 UNIX 操作系统，系统性能稳定，而且是开源软件，得到全世界工程师、程序员、计算机爱好者的支持，运用日益广泛，如图 1-3 所示。

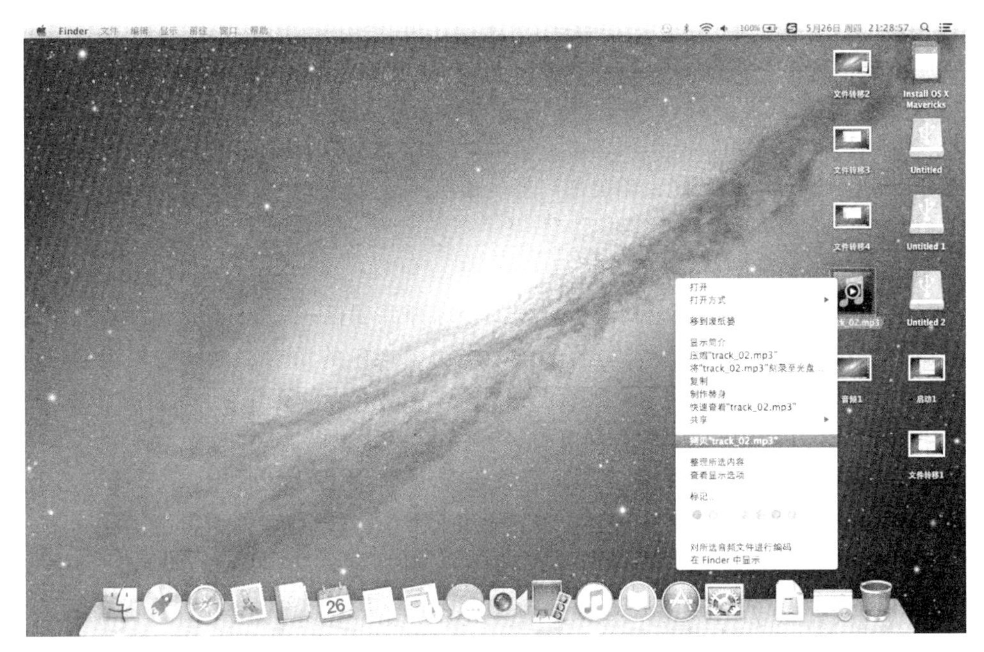

图 1-2　macOS 操作系统

图 1-3　Linux 操作系统

4. 国产操作系统

1）深度 deepin

深度 deepin 是基于 Linux 内核的国产操作系统，在众多国产操作系统中是相对比较成熟、用户口碑也比较好的系统。若作为日常使用的操作系统，deepin 已经初步具备了替代

Windows 的可能,例如简单办公、在线看视频、听音乐等,甚至还能玩一些简单的游戏。2019 年,华为开始销售预装有 deepin 操作系统的笔记本电脑。

2)统信 UOS 操作系统

统信 UOS 操作系统基于 Linux 内核研发,目前支持龙芯、飞腾、兆芯、海光、鲲鹏等芯片平台的笔记本、台式计算机、一体机和工作站、服务器。统信 UOS 提供专业版系统、家庭版系统、社区版系统、服务器操作系统。系统设计符合国人的审美和习惯,相对美观易用,安全可靠,可为各行业领域以及国家相关部门提供成熟的信息化解决方案。2022 年 4 月 25 日,统信 UOS 开发者平台正式上线。

3)优麒麟 Ubuntu Kylin

优麒麟是由麒麟软件有限公司主导开发的全球开源项目,致力于设计出操作简单轻松、友好易用的桌面环境。优麒麟自创立以来已经经历了十年的历史沉淀和技术沉淀,得到了国际社区的认可。截至 2022 年,优麒麟已累计发行 20 个操作系统版本,全球下载量超过 3800 万次,活跃爱好者和开发者 20 多万人。

4)红旗 Linux

红旗 Linux 深耕自主化国产操作系统领域二十余年,已具备相对完善的产品体系,并广泛应用于关键领域。现阶段红旗 Linux 具备满足用户基本需求的软件生态,支持 x86、ARM、MIPS、SW 等 CPU 指令集架构,支持龙芯、申威、鲲鹏、飞腾、海光、兆芯等国产自主 CPU 品牌,兼容主流厂商的打印机、手写板、扫描枪等各种外部设备。

5)中标麒麟 NeoKylin

中标麒麟操作系统目前采用强化的 Linux 内核,分成通用版、桌面版、高级版和安全版,以满足不同客户的要求,该系统已在央企、能源、政府、交通等行业领域广泛使用。符合 Posix 系列标准,兼容浪潮、联想、曙光等公司的服务器硬件产品,兼容达梦、人大金仓数据库、湖南上容数据库、IBM Websphere、DB2 UDB 数据库、MQ 等系统软件。

6)中兴新支点

中兴新支点桌面系统是国产计算机操作系统,中央政府采购和中直机关采购入围品牌。该系统基于 Linux 核心进行研发,不仅能安装在计算机上,还能安装在 ATM 柜员机、取票机、医疗设备等终端,支持龙芯、兆芯、ARM 等国产芯片,可满足日常办公需求。值得一提的是,系统可兼容运行 Windows 平台的日常办公软件,实用性更强。

7)RT-Thread

RT-Thread 既是一个集实时操作系统(RTOS)内核、中间件组件和开发者社区于一体的技术平台,也是一个组件完整丰富、高度可伸缩、简易开发、超低功耗、高安全性的物联网操作系统,软件生态相对较好。截至 2022 年,RT-Thread 的累计装机量已超过 14 亿台,被广泛应用于车载、医疗、能源、消费电子等多个行业,是国人自主开发、国内最成熟稳定和装机量最大的开源 RTOS。

8)银河麒麟

银河麒麟是在"863 计划"和国家核高基科技重大专项支持下,国防科技大学研发的操作系统,之后品牌授权由给天津麒麟,天津麒麟 2019 年与中标软件合并为麒麟软件有限公司,银河麒麟是优麒麟的商业发行版,使用 UKUI 桌面。目前已有部分国产笔记本电脑搭载了银河麒麟系统,例如联想昭阳 N4720Z 笔记本电脑、长城 UF712 笔记本电脑等。

9) 鸿蒙 Harmony OS

华为鸿蒙 Harmony OS 系统是面向万物互联的全场景分布式操作系统，支持手机、平板电脑、智能穿戴、智慧屏等多种终端设备运行，提供应用开发、设备开发的一站式服务。鸿蒙操作系统也是当下独占鳌头的国产手机操作系统。凭借其在互联网产业创新方面发挥的积极作用，鸿蒙操作系统在 2021 年世界互联网大会上获得“领先科技成果奖”，处于国产操作系统排名榜前十。

10) 中科方德桌面操作系统

中科方德是最主要的国产操作系统厂商之一，受到国家重视。旗下产品方德桌面操作系统可良好支持台式机、笔记本电脑、一体机及嵌入式设备等形态整机、主流硬件平台和常见外部设备，截至 2022 年，软件中心已上架运维近 2000 款优质的国产软件及开源软件。系统采用了符合现代审美和操作习惯的图形化用户界面设计，易于原 Windows 用户上手使用。

学习情境 2 了解 Linux 系统的起源与发展

1. UNIX 系统

20 世纪 60 年代，贝尔实验室的 Ken Thompson 和 Dennis Ritchie 在 DEC PDP-7 小型计算机上开发的一个分时操作系统 UNIX。Ken Thompson 为了能在闲置不用的 PDP-7 计算机上运行他设计的星际旅行(Space Travel)游戏，在一个月的时间内开发出了可以运行游戏的平台，这个使用汇编语言写出的系统就是 UNIX 操作系统的原型。后经 Dennis Ritchie 于 1972 年用移植性很强的 C 语言进行了改写，增强了系统的可移植性，使得 UNIX 系统在科研机构和各大院校推广开来，许多机构在源码基础上加以扩充和改进，衍生出了多个版本。

UNIX 系统具有很多特点，是一个多任务和多用户的分时操作系统，并行处理能力强大，稳定性好，使用 C 语言编写，便于移植和编写，具有良好的保密性、安全性和可维护性，有强大的网络支持，提供多种操作系统的通信机制。

2. MINIX 系统

由于贝尔实验室收回了 UNIX 系统的版权，在荷兰当教授的美国人 Andrew S. Tanenbaum 为便于教学，于 1987 年仿照 UNIX 系统设计出了 MINIX 系统。Andrew S. Tanenbaum 在荷兰阿姆斯特丹 Vrije 大学的数学与计算机科学系工作，MINIX 主要用于学生学习操作系统原理，到 1991 年时版本是 1.5。目前主要有两个版本在使用：1.5 版和 2.0 版。当然目前 MINIX 系统已经是免费的，可以从许多 FTP 上下载。

3. GNU

GNU 计划和免费软件基金会 FSF(the Free Software Foundation)是由 Richard M. Stallman 于 1984 年创办的。旨在开发一个类似 UNIX 并且是自由软件的完整操作系统，拟定普遍公用版权协议(General Public License，GPL)，所有 GPL 协议下的自由软件都遵循着 Richard M. Stallman 的 Copyleft(非版权)原则：即自由软件允许用户自由复制、修改和销售，但是对其源代码的任何修改都必须向所有用户公开，今天 Linux 的成功就得益于 GPL 协议。

图 1-4 Linus Torvalds

4. Linux 系统

当时还是芬兰赫尔辛基大学学生的李纳斯·托沃兹(Linus Torvalds)(图 1-4)开始了 Linux 内核开发,在 MINIX 系统的基础上,丰富完善其功能。1991 年在 GPL 条例下发布了 Linux 的第一版 0.0.2,Linux 来源于 UNIX,并很好地继承了 UNIX 的稳定性和高效性,是 Linux 时代开始的标志。1994 年推出完整的核心 Version 1.0。至此,Linux 逐渐成为功能完善、稳定的操作系统,并被广泛使用。

Linux 系统的特点如下。

(1) 开放性:系统遵循世界标准规范,特别是遵循开放系统互联(OSI)国际标准。

(2) 多用户:是指系统资源可以被不同用户使用,每个用户对自己的资源(例如,文件、设备)有特定的权限,互不影响。

(3) 多任务:计算机同时执行多个程序,各个程序的运行相互独立。

(4) 良好的用户界面:Linux 向用户提供了两种界面,分别为用户界面和系统调用界面。Linux 还为用户提供了图形用户界面。它利用鼠标、菜单、窗口、滚动条等,给用户呈现一个直观、易操作、交互性强的友好的图形化界面。

(5) 设备独立性:是指操作系统把所有外部设备统一当作文件看待,只要安装它们的驱动程序,任何用户都可以像使用文件一样,操纵、使用这些设备,而不必知道它们的具体存在形式。Linux 是具有设备独立性的操作系统,它的内核具有高度适应能力。

(6) 丰富的网络功能:完善的内置网络是 Linux 一大特点。

(7) 可靠的安全系统:Linux 采取了许多安全技术措施,包括对读、写控制、带保护的子系统、审计跟踪、核心授权等,这为网络多用户环境中的用户提供了必要的安全保障。

(8) 良好的可移植性:是指将操作系统从一个平台转移到另一个平台使它仍然能按其自身的方式运行的能力。Linux 是一种可移植的操作系统,能够在从微型计算机到大型计算机的任何环境中和任何平台上运行。

(9) 支持多文件系统。

学习情境 3 认识 Linux 系统的版本

Linux 系统的版本分为内核版本和发行版本。

1. 内核版本

第一种方式为内核版本号,由 3 组数字组成:A.B.C。A 表示内核主版本号,很少发生变化,只有当代码和内核发生重大变化时才会变化;B 表示内核次版本号,是指一些重大修改的内核,偶数表示稳定版本,奇数表示开发中的版本;C 表示内核修订版本号,是指轻微修订的内核,这个数字当有安全补丁、bug 修复、新的功能或驱动程序,内核便会有变化。

第二种方式为 major.minor.patch-build.desc。

major:主版本号,有结构变化才变更。

minor：次版本号，新增功能时才发生变化，一般奇数表示测试版，偶数表示生产版。

patch：补丁包数或此版本的修改次数。

build：编译(或构建)的次数，每次编译可能对少量程序做优化或修改，但一般没有大的(可控的)功能变化。

desc：当前版本的特殊信息，其信息由编译时指定，具有较大的随意性。

2. 发行版本

1) Red Hat 系列

Red Hat 系列一般是 Linux 高手的首选系统，其桌面系统拥有强大的 RPM 软件包管理系统，界面更加简洁，如果你不喜欢太多花哨的桌面系统可以考虑用它。Red Hat 系列包括 RHEL(Red Hat Enterprise Linux，也就是所谓的 Red Hat Advance Server，收费版本)、Fedora Core(由原来的 Red Hat 桌面版本发展而来，免费版本)、CentOS(RHEL 的社区克隆版本，免费)。Red Hat 应该说是在国内使用人群最多的 Linux 版本，甚至有人将 Red Hat 等同于 Linux，而有些人更是只用这一个版本的 Linux。所以这个版本的特点就是使用人群数量大，资料非常多，言下之意就是如果你有什么不明白的地方，很容易找到人来问，而且网上的一般 Linux 教程都是以 Red Hat 为例来讲解的。Red Hat 系列的包管理方式采用的是基于 RPM 包的 YUM 包管理方式，包分发方式是编译好的二进制文件。在稳定性方面，RHEL 和 CentOS 的稳定性非常好，适合于服务器使用；Fedora CoreOS 的稳定性较差，最好只用于桌面应用。

2) Debian 系列

Debian 系列包括 Debian 和 Ubuntu 等。Debian 是社区类 Linux 的典范，是迄今为止最遵循 GNU 规范的 Linux 系统。Debian 最早由 Ian Murdock 于 1993 年创建，分为三个版本分支：stable、testing 和 unstable。其中，unstable 为最新的测试版本，包括最新的软件包，但是也有相对较多的 bug，适合桌面用户。testing 的版本都经过 unstable 中的测试，相对较为稳定，也支持了不少新技术(比如 SMP 等)。而 stable 一般只用于服务器，上面的软件包大部分都比较过时，但是稳定性和安全性都非常高。Debian 最具特色的是 apt-get/dpkg 包管理方式，其实 Red Hat 的 YUM 也是在模仿 Debian 的 APT 方式，但在二进制文件发行方式中，APT 应该是最好的了。Debian 的资料也很丰富，有很多支持的社区，有问题的人可以在社区求教。

3) Gentoo 系列

Gentoo 是 Linux 最“年轻”的发行版本，正因为“年轻”，所以能吸取在其之前的所有发行版本的优点，这也是 Gentoo 被称为最完美的 Linux 发行版本的原因之一。Gentoo 最初由 Daniel Robbins(FreeBSD 的开发者之一)创建，首个稳定版本发布于 2002 年。由于开发者对 FreeBSD 的熟识，所以 Gentoo 拥有媲美 FreeBSD 的广受美誉的 ports 系统——Portage 包管理系统。不同于 APT 和 YUM 等二进制文件分发的包管理系统，Portage 是基于源代码分发的，必须编译后才能运行，对于大型软件而言比较慢，不过正因为所有软件都是在本地机器编译，在经过各种定制的编译参数优化后，能将机器的硬件性能发挥到极致。Gentoo 是所有 Linux 发行版本里安装最复杂的，但又是安装完成后最便于管理的版本，也是在相同硬件环境下运行最快的版本。

4）FreeBSD 系列

需要强调的是：FreeBSD 并不是一个 Linux 系统！但 FreeBSD 与 Linux 的用户群有相当一部分是重合的，二者支持的硬件环境比较一致，所采用的软件比较类似，所以可以将 FreeBSD 视为一个 Linux 版本来比较。FreeBSD 拥有两个分支：stable 和 current。顾名思义，stable 是稳定版，而 current 则是添加了新技术的测试版。FreeBSD 采用 Ports 包管理系统，与 Gentoo 类似，基于源代码分发，必须在本地机器编译后才能运行，但是 Ports 系统相比 Portage 系统，使用起来稍微复杂一些。FreeBSD 的最大特点就是稳定和高效，是作为服务器操作系统的最佳选择，但对硬件的支持没有 Linux 完备，所以并不适合作为桌面系统。

5）openSUSE 系列

openSUSE 是在欧洲非常流行的一个 Linux 系统，由 Novell 公司开发，号称是世界上最华丽的操作系统，独家开发的软件管理程序 zypper/yast 得到了许多用户的赞美，和 Ubuntu 一样，支持 KDE、GNOME 和 Xface 等桌面，桌面特效比较丰富，缺点是虽然华丽多彩，但比较不稳定。新手用这个很容易上手。

Linux 系统发行版本如图 1-5 所示。

图 1-5　Linux 系统发行版本

任务 2　安装和配置 Linux 系统

学习 Linux 操作系统需要进行大量的实验操作，Linux 操作系统对硬件的要求不高，我们可以在虚拟机中搭建相应的实验环境。

学习情境 1　安装 Linux 系统

1. 安装虚拟机

虚拟机（Virtual Machine）指通过软件模拟的、具有完整硬件系统功能的、运行在一个完全隔离环境中的完整计算机系统。本书使用 VMware Workstation Pro 进行实验环境的搭建。

VMware Workstation Pro 是一款桌面计算机虚拟软件，能实现多个操作系统在主系统的平台上同时运行，用户可在多个系统间切换自如，而且每个操作系统可以进行虚拟的分区、配置而不影响真实硬盘的数据，还可以通过网卡将几台虚拟机用网卡连接为一个局域网，VMware Workstation Pro 凭借优良的表现得到了广泛的应用。

将 VMware Workstation Pro 虚拟机软件包下载完成后，开始安装。运行安装文件，打开 VMware Workstation Pro 安装向导，得到如图 1-6 所示的对话框。

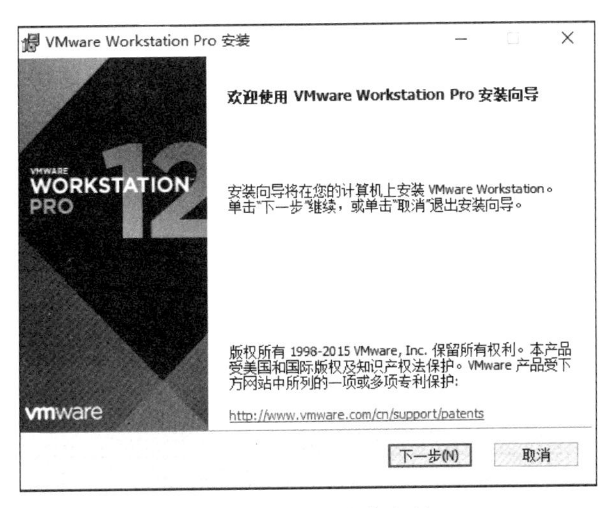

图 1-6 虚拟机安装向导

单击"下一步"按钮，得到如图 1-7 所示的协议许可界面。

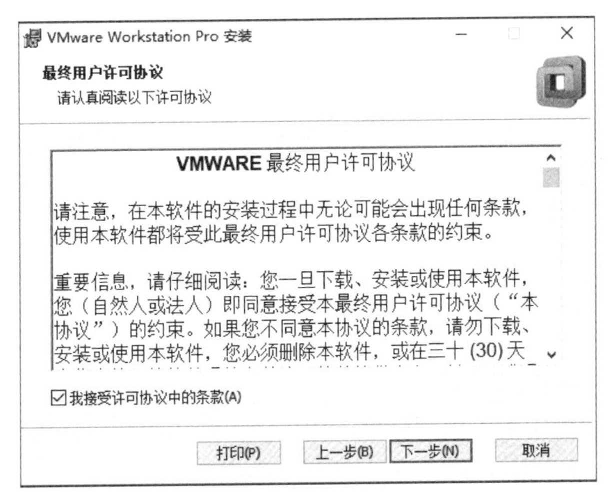

图 1-7 接受许可协议

在"最终用户许可协议"界面勾选"我接受许可协议中的条款"复选框，然后单击"下一步"按钮，得到如图 1-8 所示的界面。

选择虚拟机软件的安装位置，可以使用默认安装位置，建议修改为 C 盘以外其他分区的安装路径，然后单击"下一步"按钮，得到如图 1-9 所示的操作界面。

用户体验设置，可以勾选复选框，也可忽略直接单击"下一步"按钮，得到如图 1-10 所示的操作界面。

快捷方式的生成位置，勾选"桌面"和"开始菜单程序文件"复选框，单击"下一步"按钮，得到如图 1-11 所示的操作界面。

一切准备就绪后，单击"安装"按钮，进入安装过程。安装完成后，得到如图 1-12 所示的对话框。单击"完成"按钮，安装完成。

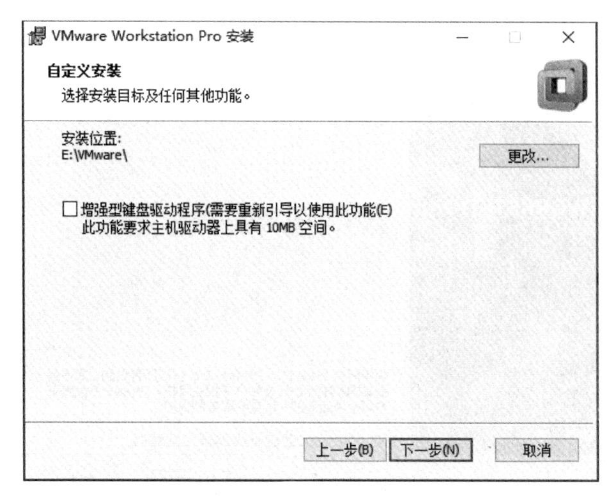

图 1-8　虚拟机选择安装路径

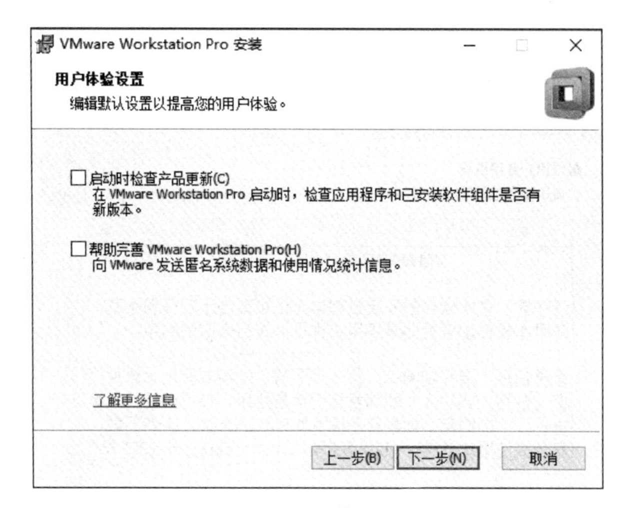

图 1-9　用户体验设置

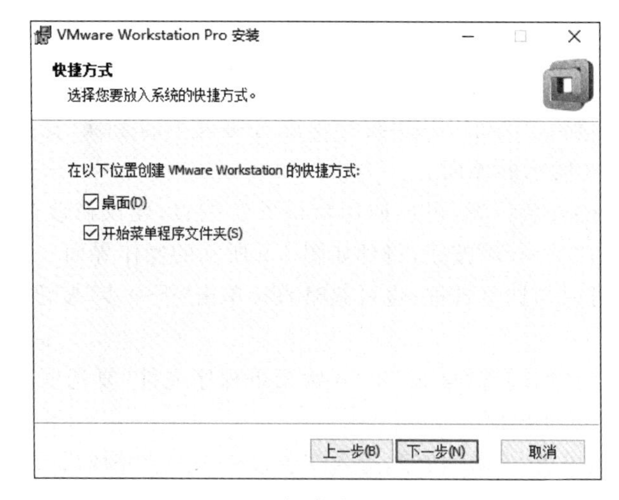

图 1-10　选择创建快捷方式的位置

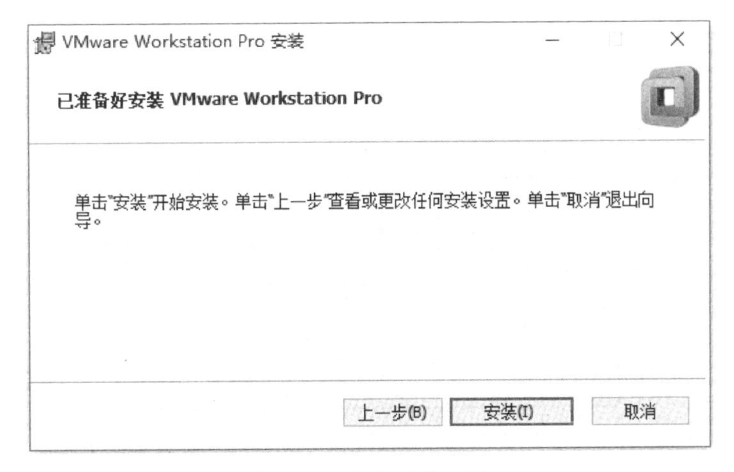

图 1-11 安装准备就绪

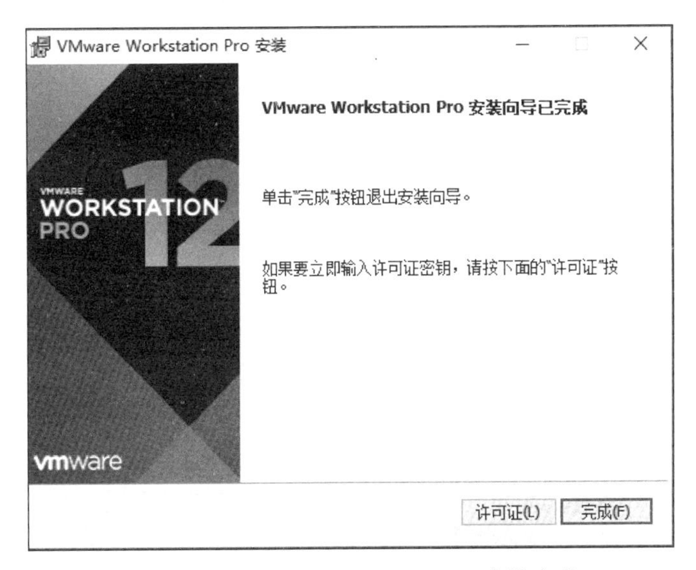

图 1-12 VMware Workstation Pro 安装完成

2. 许可证确认

虚拟机安装完成后，在桌面自动生成 VMware Workstation Pro 的快捷方式图标。双击图标，进入"输入许可证密钥"的界面，如图 1-13 所示。输入序列号许可密钥单击"输入"按钮。

当虚拟机正确注册之后，VMware Workstation Pro 安装完成，如图 1-14 所示。

3. 创建虚拟机

安装完虚拟机后，就可以创建虚拟机，在虚拟机内设置操作系统需要的硬件标准，模拟出一整套硬件设备资源。

(1) 打开虚拟机 VMware Workstation Pro，单击"创建新的虚拟机"按钮，弹出"新建虚拟机向导"界面，选择"自定义"模式，如图 1-15 所示。

(2) 安装客户机操作系统，选择"稍后安装操作系统"单选按钮，待虚拟机创建完成后，再进行操作系统的安装，如图 1-16 所示。

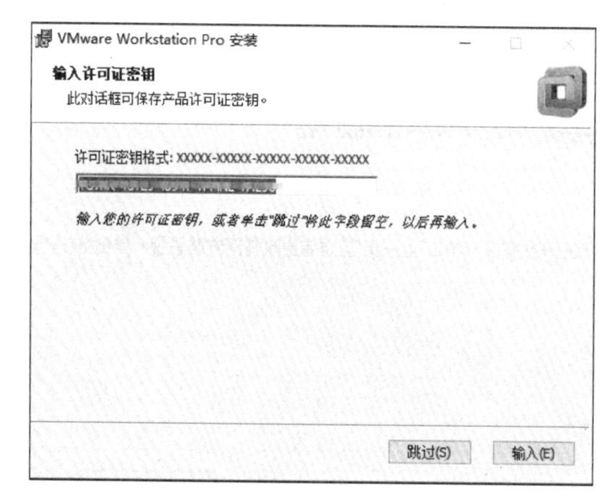

图 1-13　VMware Workstation Pro 许可证验证

图 1-14　虚拟机管理界面

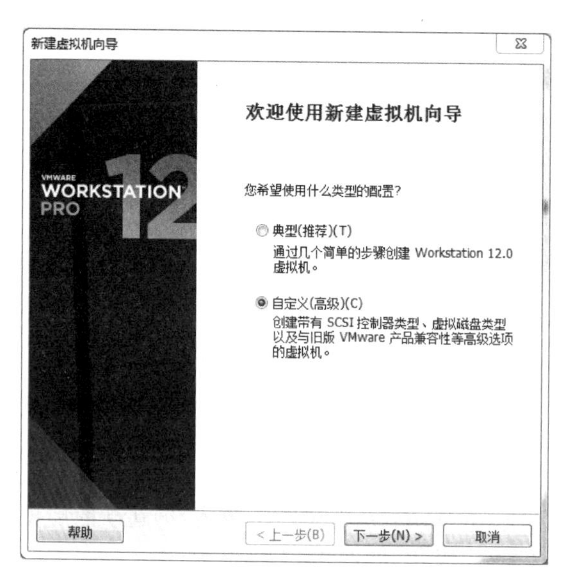

图 1-15　新建虚拟机向导

图 1-16　选择虚拟机的安装来源

(3) 选择客户机操作系统，首先选择操作系统为 Linux，然后选择操作系统的版本，如图 1-17 所示。

图 1-17　选择操作系统的版本

（4）设置虚拟机的名称以及存放的位置，如图 1-18 所示。

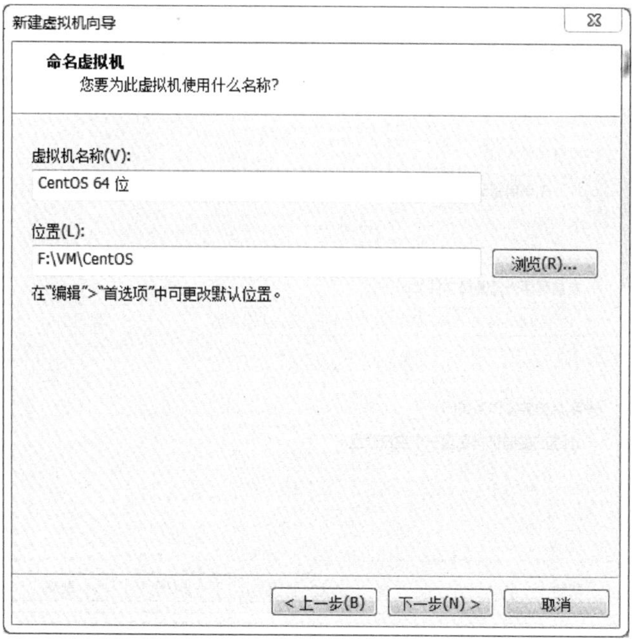

新建虚拟机向导

命名虚拟机

您要为此虚拟机使用什么名称?

虚拟机名称(V):

CentOS 64 位

位置(L):

F:\VM\CentOS

浏览(R)...

在"编辑">"首选项"中可更改默认位置。

< 上一步(B)　下一步(N) >　取消

图 1-18　命名虚拟机以及设置安装位置

（5）继续对虚拟机进行配置，CPU 和内存可根据物理机的性能状况进行灵活设置，网络类型、I/O 控制器类型以及磁盘类型选择默认设置即可。

在选择磁盘的界面中选择“创建新虚拟磁盘”，用于存放虚拟机的数据，接下来需要指定磁盘容量，使用默认 20GB 即可，如图 1-19 所示。

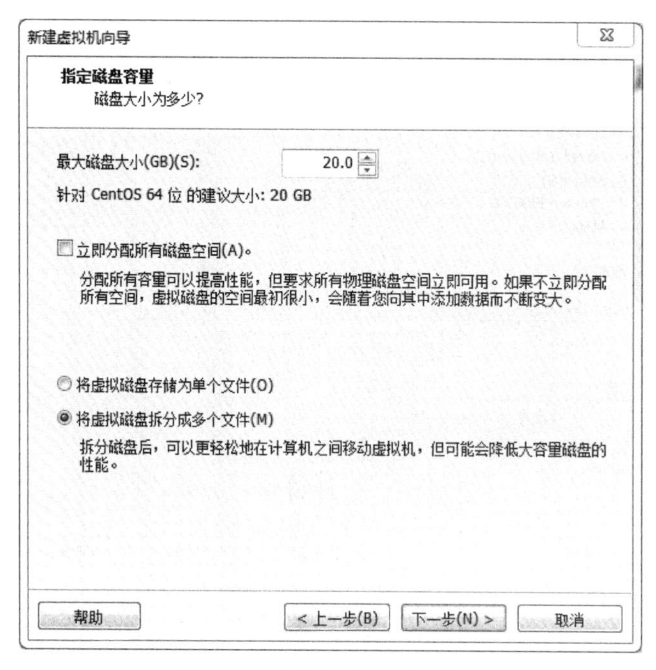

图 1-19　虚拟机磁盘容量设置

(6) 查看虚拟机配置清单,可单击“自定义硬件”按钮对硬件资源进行调整,如图 1-20 所示。

图 1-20 虚拟机的配置界面

单击“完成”按钮,虚拟机创建完成。

4. 安装 Linux 操作系统

在创建好的虚拟机中,我们就可以安装 Linux 操作系统了。首先将下载完成的 CentOS 系统镜像文件加载到虚拟机,单击“开启此虚拟机”,虚拟机从光盘引导后出现安装界面。如图 1-21 所示。

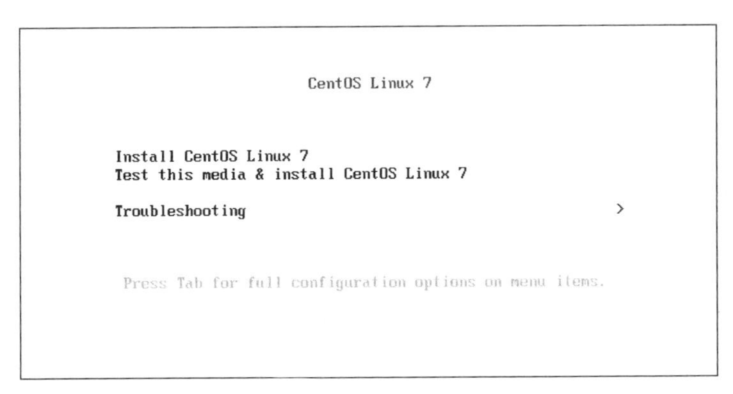

图 1-21 CentOS Linux 7 安装界面

在安装界面中,出现三个选项。

Install CentOS Linux 7:安装 CentOS Linux 7。

Test this media & install CentOS Linux 7:检测安装文件并安装 CentOS 7。

Troubleshooting：修复故障。

这里选择 Install CentOS Linux 7，按回车键，直接安装 CentOS Linux 7。

选择安装过程中使用的语言，这里选择英文，键盘选择美式键盘，单击 Continue 按钮，如图 1-22 所示。

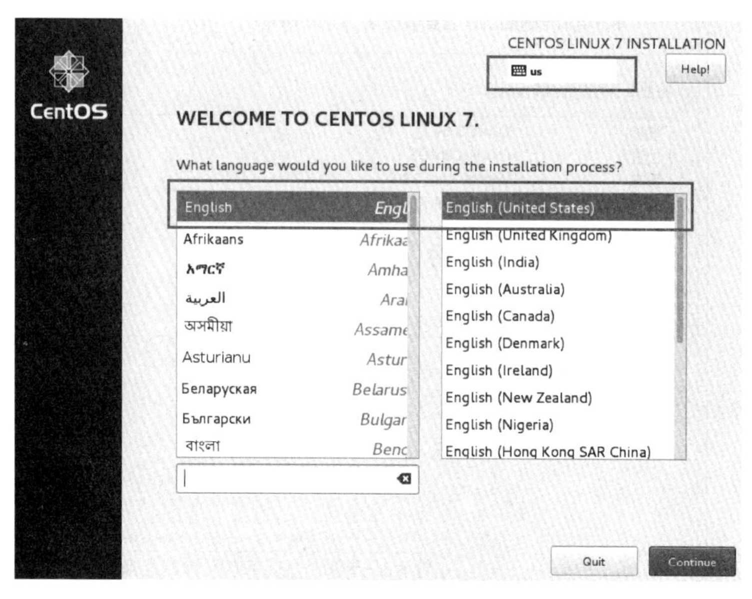

图 1-22 选择系统的安装语言

进入安装信息摘要界面，对"安装位置""日期和时间""软件选择"等信息进行设置，如图 1-23 所示。

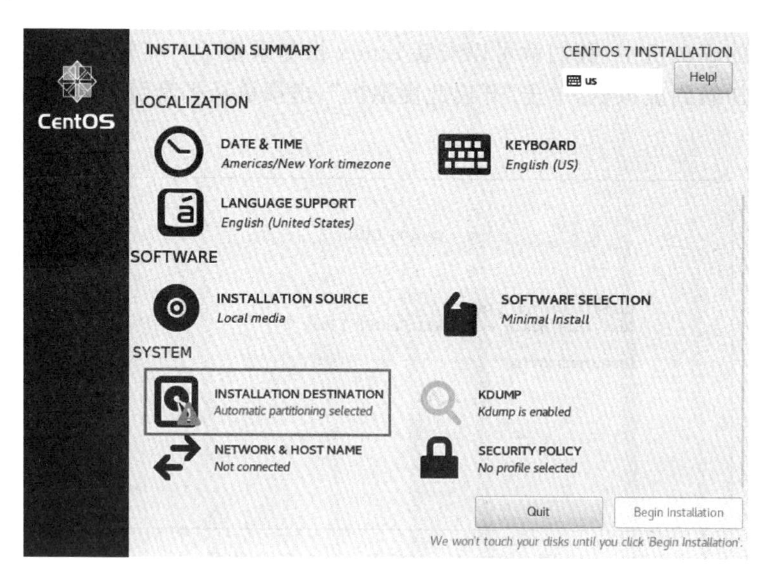

图 1-23 安装信息摘要

"安装位置"带有感叹号警告图标，进入"安装位置"进行分区设置，系统已默认选择"自动配置分区"，不需要做任何修改，单击"完成"按钮 Done 进行确认，如图 1-24 所示。返回到

“安装信息摘要”界面后，“安装位置”感叹号图标已消除掉。

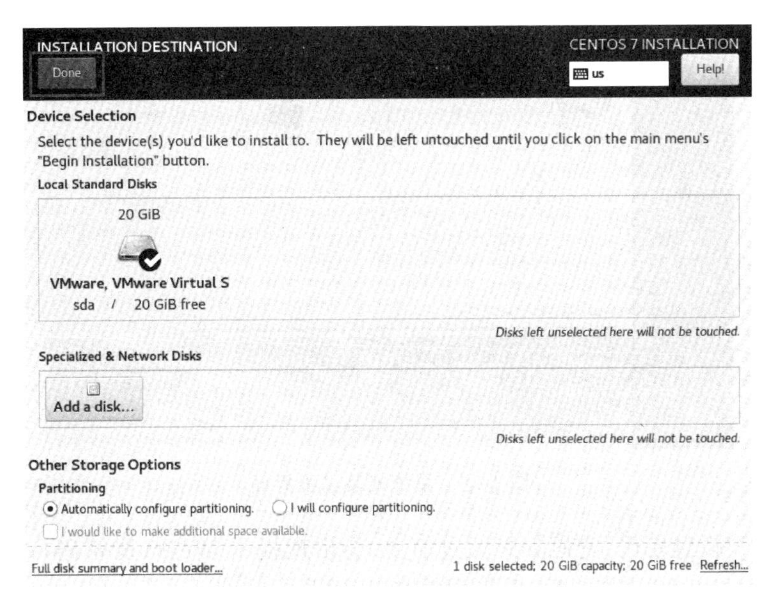

图 1-24　选择系统安装位置

“软件选择”默认为最小化安装，这里可根据用户的需求调整系统的基本环节，建议选择 Server with GUI(带 GUI(图形用户界面)的服务器)，勾选后期计划使用的服务器，单击“完成”按钮进行确认，如图 1-25 所示。

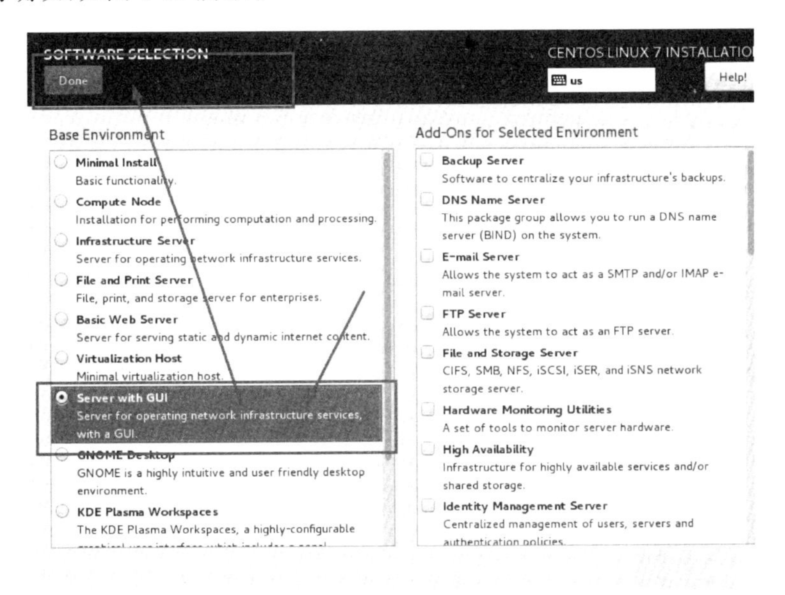

图 1-25　选择系统软件类型

返回到“安装信息摘要”界面，完成设置后，单击“开始安装”按钮即可开始安装 CentOS Linux 7 系统，安装过程中需要对管理员 root 的密码进行设置，同时可创建其他普通账户，如图 1-26 所示。

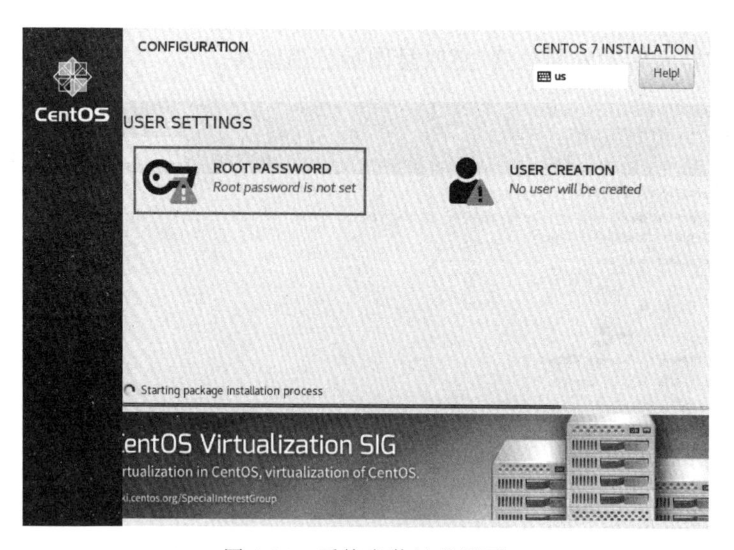

图 1-26 系统安装过程界面

对 root 账户设置密码，密码如果太过简单，会出现提示 Weak(弱密码)，第二次输入的密码和第一次输入的确认相同后，单击 Done 按钮，如图 1-27 所示。

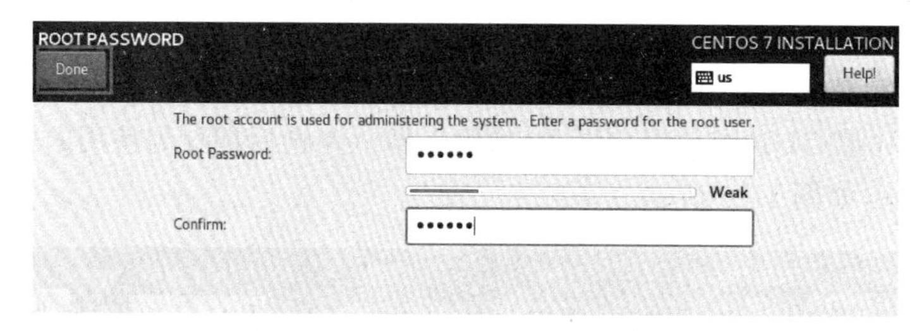

图 1-27 设置管理员 root 的密码

系统安装完所有的软件包后，提示安装完成，单击 Reboot 按钮，重启计算机，CentOS Linux 7 操作系统安装完成，如图 1-28 所示。

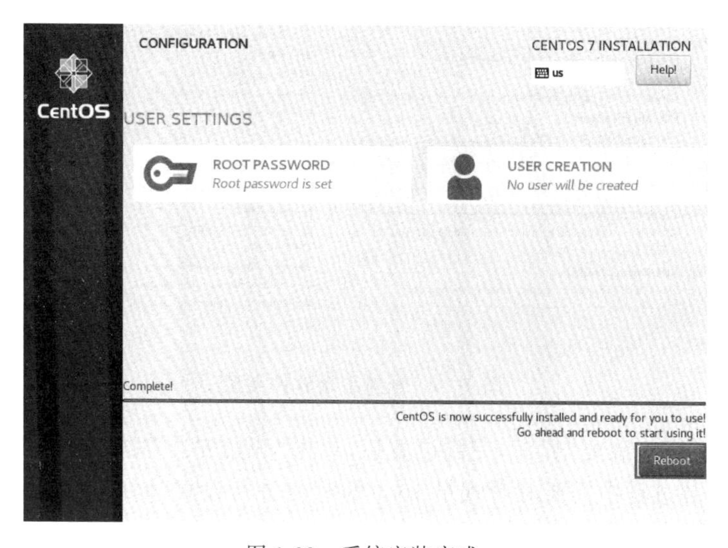

图 1-28 系统安装完成

学习情境 2　配置 Linux 系统

在 CentOS 7 操作系统成功安装后，首次启动系统时，要对系统进行初始化配置，之后方可进入系统开始使用。

进入“初始设置”界面，提示“未接受许可证”，单击进入 LICENSE INFORMATION，如图 1-29 所示。

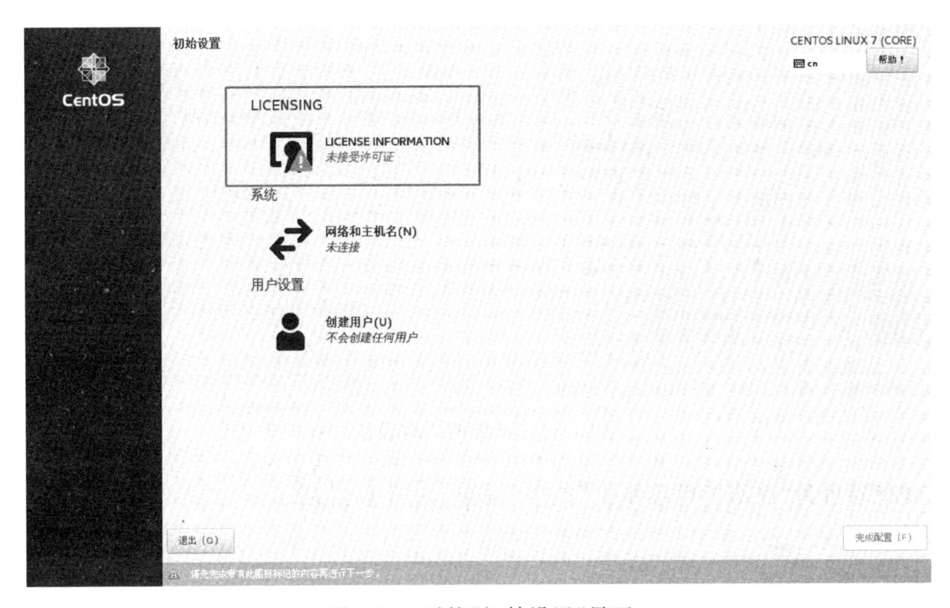

图 1-29　系统“初始设置”界面

进入“许可信息”界面，进行阅读后勾选“我同意许可协议”复选框，然后单击“完成”按钮返回上一界面，如图 1-30 所示。

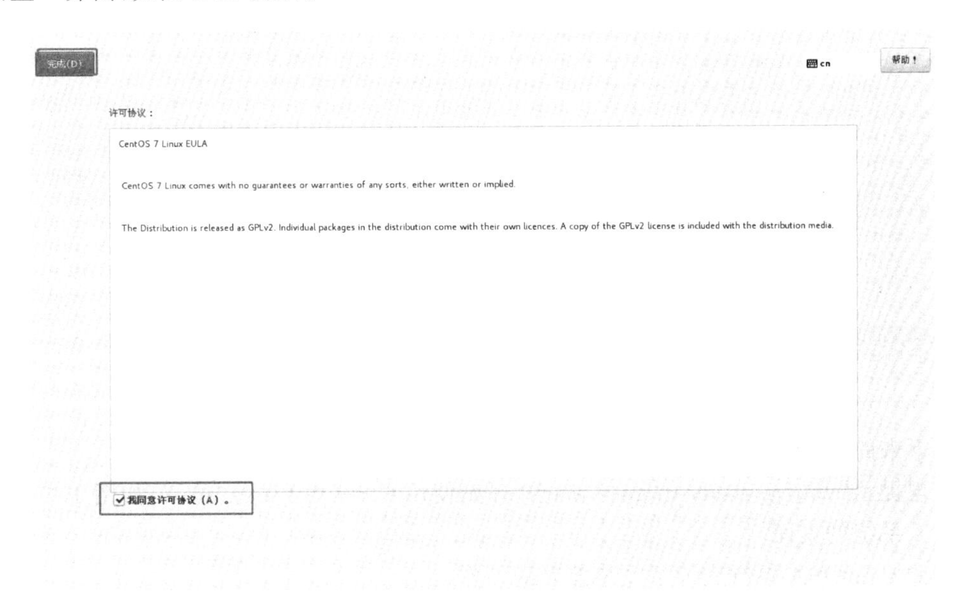

图 1-30　接受许可协议

返回“初始设置”界面后，单击“完成配置”按钮。

之后进入欢迎界面，如图 1-31 所示。选择系统语言为“汉语”，单击“前进”按钮。

图 1-31 系统的语言设置

键盘布局也为“汉语”，继续单击“前进”按钮，如图 1-32 所示。

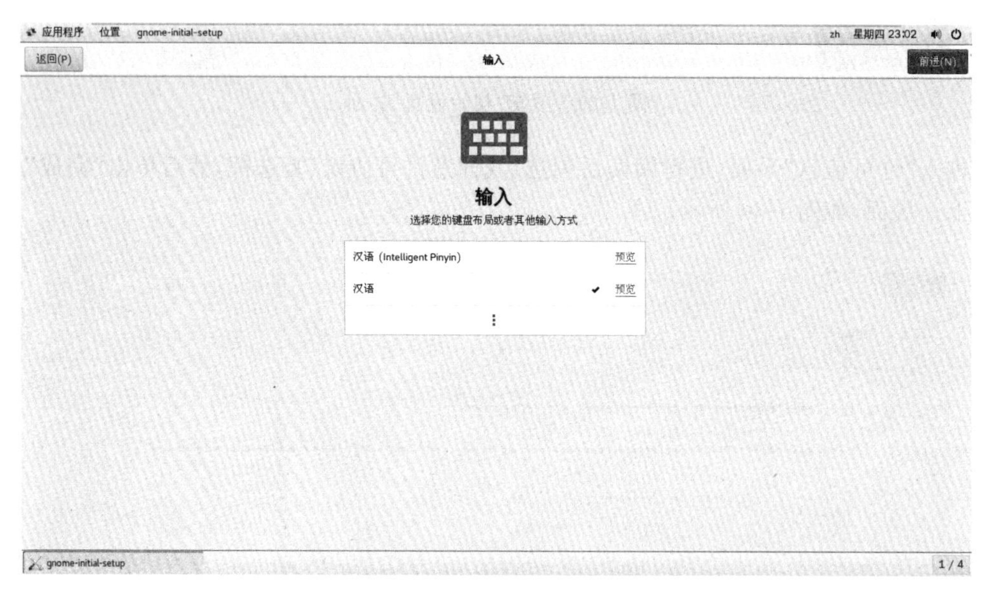

图 1-32 设置系统的输入来源类型

接下来的“位置服务”和“在线账号”可直接跳过，如图 1-33 和图 1-34 所示。

出现提示“you're ready to go!”，单击“开始使用 CentOS Linux”按钮，如图 1-35 所示，之后进入系统的桌面。

至此 CentOS 7 系统完成了安装部署的工作。

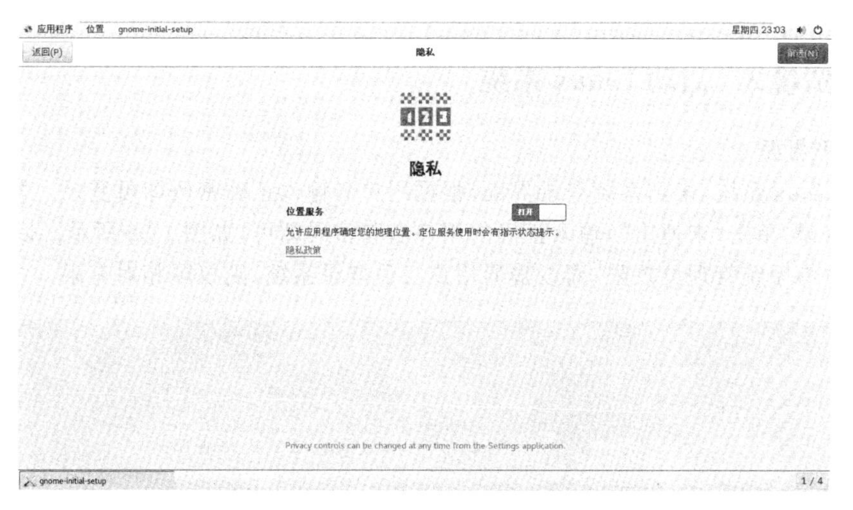

图 1-33 隐私设置

图 1-34 社交账号设置

图 1-35 系统初始化完成

学习情境3　启动Linux系统

1. 图形界面

启动Linux系统，来到系统登录界面，根据用户名输入正确密码即可登录。若要以其他账户进行登录，单击“未列出”，输入正确的用户名和密码即可，如图1-36所示。以root身份登录系统具有系统管理员权限，而以普通用户身份登录系统，则权限相对有限。

图1-36　用户登录界面

用户输入用户名和密码后，进入系统默认的图形界面，如图1-37所示。

图1-37　系统图形化桌面

图形界面对于初学者而言较为友好，但使用文本界面通过输入命令来操作系统，效率更高。我们在Linux系统的学习和工作中，主要以在文本界面中输入命令的操作方式为主。

2. 虚拟终端

Linux 采用虚拟终端机制，使得多个用户可同时登录系统，共同使用主机的系统资源。系统内有 6 个虚拟终端，第一个为图形界面，其余为文本界面，分别以 tty1～tty6 来表示，通过 Ctrl＋Alt＋(F1～F6)组合键在虚拟终端间进行切换，每个终端相互独立，互不影响，在每个终端中可执行不一样的命令，进行不一样的操作。

在图形桌面下，可以通过组合键 Ctrl＋Alt＋F2 切换到文本界面(图 1-38)。切换到文本界面需要重新进行登录，按照提示依次输入用户名和密码，密码在输入的时候没有任何回显，这也是 Linux 系统安全性的一种体现。输入完成后按回车键，系统会自动接收用户输入的信息，若输入正确，则成功登录系统；若输入错误，则需要重新输入。

```
CentOS Linux 7 (Core)
Kernel 3.10.0-693.el7.x86_64 on an x86_64

localhost login: _
```

图 1-38 系统命令符界面

任务 3 掌握 Linux 系统的基本操作

1. Shell 简介

Shell 是一个命令语言解释器，为用户提供使用操作系统的接口，拥有自己内建的 Shell 命令集，是命令语言、解释程序以及程序设计语言的统称。

Shell 是用户和 Linux 内核之间的接口程序，管理着用户与操作系统之间的交互，负责解释用户输入的命令并且传送到内核去执行。

当用户启动 Linux 并登录后，Shell 程序就开始执行，等待用户输入指令。文本终端会出现相应的命令提示符，如下所示：

```
[root @ localhost etc]#
```

root 代表当前登录系统的用户；localhost 是 Linux 主机名；etc 表示当前所在目录；#为超级用户的命令提示符，当以普通用户身份登录时，提示符会变为 $。

2. 命令格式

Linux 系统中的命令需要区分大小写，Shell 命令的格式如下所示：

```
命令 [选项] [参数]
shutdown - r now
```

命令提示符后输入的首先是命令，然后是命令的选项或者参数，命令、选项和参数之间必须用空格分开。

(1) 命令是提交给系统执行的指令，可以是 Shell 脚本文件或可执行文件。

(2) 选项作为命令的辅助，同一个命令可以通过不同的选项执行不同的动作，命令后可以不跟选项，也可以有一个或多个选项，以短横线开始，可将所有选项连接起来，也可分开输入。

(3) 参数提供命令运行的信息,或是命令执行所使用的文件名称。

3. 重启与关闭

(1) 在 Linux 系统的文本界面中,管理员 root 可以使用 reboot、shutdown 命令重启系统。

【例 1-1】 立即重启操作系统。

```
[root @ localhost etc]# reboot
```

或

```
[root @ localhost etc]# shutdown - r now
```

(2) 管理员 root 要关闭操作系统,可以使用 poweroff、halt、shutdown 命令。

【例 1-2】 立即关闭操作系统。

```
[root @ localhost etc]# poweroff
```

或

```
[root @ localhost etc]# halt
```

或

```
[root @ localhost etc]# shutdown - h now
```

(3) shutdown 命令的功能非常灵活,可对系统的重启和关机进行定时、延时等特定操作,而且会向用户发送警告信息,若要取消操作使用"shutdown -c"即可。

【例 1-3】 20:00 重启操作系统。

```
[root@localhost ~]# shutdown - r 20:00
Shutdown scheduled for 二 2021 - 01 - 25 20:00:00 CST, use 'shutdown - c' to cancel.
```

【例 1-4】 十分钟后关闭操作系统。

```
[root@localhost ~]# shutdown - h 10
Shutdown scheduled for 二 2021 - 01 - 25 16:49:43 CST, use 'shutdown - c' to cancel.
Broadcast message from root@localhost. localdomain (Tue 2021 - 01 - 25 16:39:43 CST):
The system is going down for power - off at Tue 2021 - 01 - 25 16:49:43 CST!
```

4. 远程连接

在 Linux 系统的操作中,用户既可以在本地访问系统,也可以通过远程连接的方式访问系统。远程连接不受空间和距离的限制,管理员可以通过一些远程工具登录访问系统,就像登录到本地机器上执行命令一样。

1) Telnet

Telnet 协议是 TCP/IP 协议簇中的一员,是 Internet 远程登录服务的标准协议和主要方式。它为用户提供了在本地计算机上完成远程主机工作的能力。在终端使用者的计算机上使用 Telnet 程序,用它连接到服务器。终端使用者可以在 Telnet 程序中输入命令,这些命令会在服务器上运行,就像直接在服务器的控制台上输入一样,可以在本地就能控制服务器。要开始一个 Telnet 会话，必须输入用户名和密码登录服务器。Telnet 是常用的远程控制 Web 服务器的方法。

2）SSH

SSH 是一种网络协议，用于计算机之间的加密登录。如果一个用户从本地计算机使用 SSH 协议登录另一台远程计算机，那么 SSH 将提供强大的验证机制和安全信息交流通道，这种登录是安全的，这种加密连接方式即使信息在传输过程中被截获，密码也不会泄露，具有良好的安全特效。

习　　题

一、选择题

1. Linux 是一套开源的操作系统，于（　　）正式对外发布。

A. 1980 年　　B. 1990 年　　C. 1991 年　　D. 1992 年

2. 下列（　　）不是 Linux 操作系统的特性。

A. 单用户　　B. 多任务　　C. 开放性　　D. 广泛协议支持

3. 命令提示符为“#”，表示当前的用户是（　　）。

A. admin　　B. root　　C. sa　　D. administrator

二、填空题

1. Linux 系统的版本分为____________和____________两种。

2. Linux 系统默认的系统超级管理员账号是____________。

3. Linux 采用____________，使得多个用户可同时登录系统。

三、操作题

1. 安装 VMware Workstation，新建一台虚拟机。

2. 在虚拟机中安装 Linux 操作系统。

项　目　2

管理Linux文件系统

Linux 系统支持多种文件系统类型，通过使用各种命令对系统进行操作管理，了解文件系统的概念和掌握常用的命令及其选项是学习 Linux 操作系统的基础。

【知识能力培养目标】

(1) 了解 Linux 文件系统的概念。

(2) 掌握文件和目录的相关命令。

(3) 掌握 VIM 编辑器的使用。

【课程思政培养目标】

课程思政培养目标如表 2-1 所示。

表 2-1　课程思政培养目标

教学内容	思政元素切入点	育人目标
文件系统的概念以及文件管理命令	讲述因文件系统管理中出现的数据泄露事件造成的影响，强调信息数据安全的重要性	增强学生对网络空间和数据信息的安全意识，使学生了解如何提高文件系统的安全性，规范自己对文件系统的操作
Linux 的基本操作	Linux 的操作命令很多，既枯燥又难记忆，在进行命令讲解的教学过程中，鼓励学生多学、多练、多实践。通过引入“荷花定律”启迪学生“需要日积月累、厚积薄发、知识沉淀”，还要“持之以恒”，才能学好 Linux 的基本操作、文件和目录操作	提升学生的学习热情和积极性，培养学生精益求精的工匠精神、自主学习的能力
Linux 的文件和目录操作	从文件与目录操作命令的语法规则引入遵纪守法、服从管理、行为规范	培养学生的组织纪律性和行为的规范性

任务1　认识文件系统

学习情境1　初识文件系统

Linux文件系统中的文件是数据的集合，文件系统是用户使用系统的接口，用于管理和存储文件信息，每个文件系统由逻辑块的序列组成，一个逻辑盘空间一般划分为几个用途不同的部分，即引导块、超级块、inode区以及数据区等，文件系统不仅包含着文件数据而且有文件系统的结构，所有Linux用户和程序看到的文件、目录、软连接及文件保护信息等都存储在其中。

Linux系统中的文件系统一般在安装系统时就已创建完成，由文件管理相关软件、被管理的文件和实施文件管理的数据结构三部分构成。在操作系统的使用过程中，用户可随时对文件系统进行调整，可以在新的分区上创建文件系统，进行挂载操作将文件系统挂到相应目录下进行使用。Linux文件系统以根目录为起点，所有分区挂载到树状目录中，通过访问挂载点，即可实现对相应分区的访问。

学习情境2　认识文件系统的类型

Linux操作系统支持的文件系统种类十分丰富，不同的文件系统管理磁盘空间的方法各不相同。

1. Ext文件系统

Ext(extended file system，扩展文件系统)是为Linux设计的文件系统，采用UNIX文件系统(UFS)的元数据结构，是第一个利用虚拟文件系统实现出的文件系统，最大可支持2GB的文件系统。1993年Ext2发布，最大可支持2TB的文件系统，至Linux核心2.6版本时，已扩展到可支持32TB，且有支持文件类型种类增加、启动自检等特点，使得Ext2文件系统的灵活性大大增强。Ext2文件系统是Linux早期发行版本的默认文件系统。

Ext3是一个日志文件系统，在Ext2的基础上增加了日志管理功能，包括三个级别的日志：日记、顺序和回写。与Ext2相比，Ext3具有高可用性、数据完整性、读写速度快、数据转换和多种日志模式等特点。

Ext4是第四代扩展日志文件系统，在Ext3的基础之上做了很多升级，引入了大量新功能，文件系统容量达到1EB，文件容量则达到16TB。Ext3文件系统使用32位空间记录块数量和i节点数量，而Ext4文件系统将它们扩充到64位，优化了数据结构，显著提升了性能，提供了良好的兼容性和可靠性。

2. XFS文件系统

XFS是一种高性能的日志文件系统，每个单文件系统量最大支持8EB，单文件可以支持16TB，对大文件的读写性能较好，日志功能保证了数据完整性。XFS文件系统采用优化算法，出现高并发状况时也能从容应对，同时具有可伸缩性和并行特性，是CentOS Linux 7默认的文件系统。

3. vFAT文件系统

这是一个与Windows系统兼容的Linux文件系统，是FAT文件系统的一种扩展，支持长文件名，文件名可长达 255 个字符，可以作为 Windows 与 Linux 交换文件的分区。

4. swap 文件系统

swap 文件系统通常被称为交换分区。它的作用在于当物理内存不足时，通过系统调度，将内存中暂时不使用的数据取出，放入 swap 分区，从而提升系统的运算效率。

5. ISO 9660 文件系统

ISO 9660 是光盘文件使用的标准文件系统，与 swap、vFAT 等一样被 Linux 支持，提供对光盘的读写，也支持对刻录操作。

学习情境 3　认识文件系统目录结构

Linux 操作系统采用树状目录结构组织和管理文件。每个文件存在于相应的目录下，整个系统有一个根目录“/”，系统中子目录和文件均以根目录“/”为起点展开，所有的目录和文件分层级组织在一起，形成树状的层次结构，如图 2-1 所示。

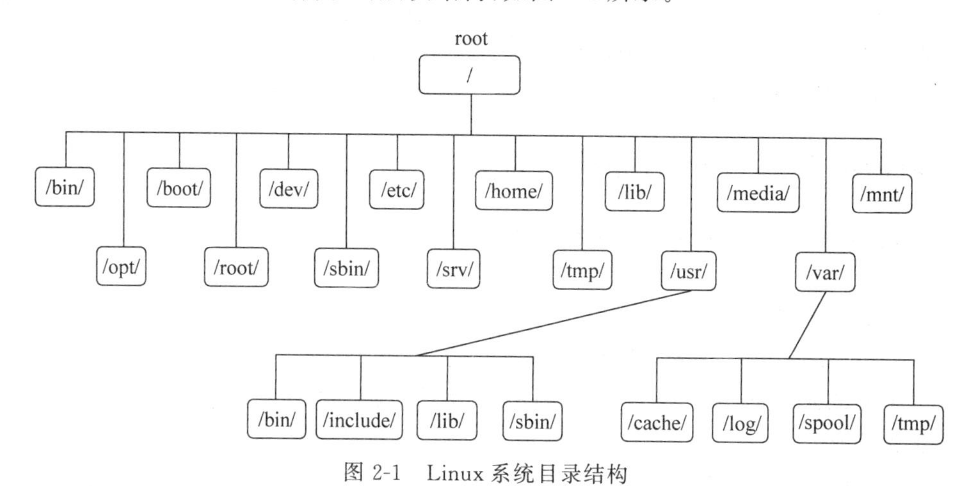

图 2-1　Linux 系统目录结构

1. 常用目录

/：根目录。

/bin：binary 的缩写，存放系统中常用的二进制文件和常用命令，该目录中文件都是可执行的、普通用户都可以使用的命令。

/boot：存放 Linux 内核及引导系统程序文件。

/dev：device 的缩写，存放设备文件，设备包括键盘、鼠标、声卡等。

/etc：存放系统的配置文件。

/home：普通用户目录的默认存放位置。

/lib：存放库文件。

/usr：与用户相关的应用程序和库文件。

/root：超级用户的主目录。

/tmp：存放程序运行产生的临时文件。

2. 绝对路径和相对路径

Linux 系统中存放文件或目录的位置即为路径，表示路径的方式有两种：绝对路径和相对路径。

- 绝对路径：路径的写法从根目录“/”开始，准确表示文件或目录在目录结构中的确切位置。
- 相对路径：路径的写法不是从根目录“/”开始，而是从当前所在的工作目录开始。
- 绝对路径在使用中写法较为麻烦，但能完整表示文件或目录的位置，便于理解，相对路径写法较为简单，效率更高。

在 Linux 系统的操作中，常用“.”表示当前目录，“..”表示上一级目录。

任务 2 认识文件和目录管理

学习情境 1 掌握文件和目录操作命令

1. cd 命令

cd 命令用于切换工作目录。

命令格式：

```
cd [目录名]
```

【例 2-1】 切换到/etc/yum 目录。

```
[root@localhost ~]# cd /etc/yum
[root@localhost yum]#
```

【例 2-2】 切换到上一级目录。

```
[root@localhost yum]# cd ..
[root@localhost etc]#
```

【例 2-3】 切换到当前用户的主目录。

```
[root@localhost ~]#cd
```

或

```
[root@localhost ~]#cd ~
```

2. ls 命令

ls 命令用于显示当前目录或指定目录下的内容。

命令格式：

```
ls [选项] [目录]
```

常用的选项及说明如表 2-2 所示。

表 2-2 ls 命令常用选项列表

选项	说明
-a	显示目录下的所有文件，包括以“.”开头的隐藏文件
-l	显示文件的详细信息

续表

选项	说　明
-d	显示当前目录
-c	按文件的修改时间排序
-m	以“,”为分隔符横向输出文件和目录名称
-i	显示文件 i 节点的索引信息
-R	显示所有子目录下的文件

【例 2-4】 显示 home 目录下的所有文件,包括隐藏文件。

```
[root@localhost home]# ls -a
... Ryan
```

【例 2-5】 以长格式显示 home 目录下文件或目录的详细信息。

```
[root@localhost home]# ls -l
总用量 4
drwx------. 15 Ryan Ryan 4096 8 月 23 2019 Ryan
```

【例 2-6】 显示/usr 目录下所有文件的详细信息。

```
[root@localhost ~]# ls -la /usr
总用量 356
drwxr-xr-x.     13 root root      155 8 月     23 2019 .
dr-xr-xr-x.     17 root root      224 8 月     23 2019 ..
dr-xr-xr-x.     2 root root     73728 8 月     23 2019 bin
drwxr-xr-x.     2 root root         6 11 月    5 2016 etc
drwxr-xr-x.     2 root root         6 11 月    5 2016 games
drwxr-xr-x.     43 root root     8192 8 月     23 2019 include
dr-xr-xr-x.     52 root root     4096 8 月     23 2019 lib
...
```

3. pwd 命令

pwd 命令用于查看当前路径。

【例 2-7】 查看用户当前所在的路径。

```
[root@localhost Ryan]# pwd
/home/Ryan
```

表示用户当前所在的路径为/home/Ryan

4. touch 命令

touch 命令用于创建一个新的空白文件,以及设置文件的时间。执行该命令后,如果输入的文件名不存在,就创建相应的空文件。

命令格式:

```
touch [文件名]
```

【例 2-8】 创建一个名为 newfile. txt 的空白文件。

```
[root@localhost ~]# touch newfile.txt
```

5. rm 命令

rm 命令用于删除文件或目录。

命令格式：

```
rm [选项] [参数] (参数可为文件名或目录名)
```

rm 命令常用的选项及说明如表 2-3 所示。

表 2-3　rm 命令常用选项列表

选项	说　明
-d	删除可能仍有数据的目录(只限超级用户)
-f	不显示任何信息,强制删除文件或目录
-i	进行任何删除操作前询问用户
-r/R	将指定目录下的所有文件与子目录一并删除
-v	显示指令的详细执行过程

【例 2-9】 删除文件 test. txt。

```
[root@localhost ~]# rm test.txt
rm:是否删除普通空文件 "test.txt"?y
[root@localhost ~]#
```

在删除一个文件时需要用户和系统进行交互,输入 y(yes)确认删除,输入 n(no)不进行删除操作。

【例 2-10】 删除目录 dir1。

```
[root@localhost home]# rm -r dir1
rm:是否删除目录 "dir1"?y
```

若被删除的目录不为空,系统则会逐一询问是否删除其中内容。

```
[root@localhost home]# rm -r dir2
rm:是否进入目录"dir2"? y
rm:是否删除普通空文件 "dir2/test"?y
rm:是否删除目录 "dir2"?y
[root@localhost home]#
```

系统在默认状态下,对用户删除文件或目录会进行询问。如果用户已确认删除该内容,将选项“-r”和“-f”一同使用,可直接删除且避免人机交互,例如：rm -rf dir1。

6. mkdir 命令

mkdir 命令用于创建新目录。

命令格式：

```
mkdir [选项] [目录名]
```

常用的选项及说明如表 2-4 所示。

表 2-4 mkdir 命令常用选项列表

选项	说　明
-p	递归创建具有嵌套层叠关系的文件目录
-v	显示指令的详细执行过程

【例 2-11】 在/home 目录下创建一个名为 dir1 的目录。

```
[root@localhost home]#mkdir dir1
```

【例 2-12】 在/home 目录下同时创建 dir2、dir3、dir4 三个目录。

```
[root@localhost home]# mkdir dir2 dir3 dir4
```

【例 2-13】 创建一个具有嵌套层叠关系的文件目录 a/b/c。

```
[root@localhost ~]mkdir -p a/b/c
```

7. rmdir 命令

rmdir 命令用于删除一个空目录。
命令格式：

```
rmdir [选项] [目录名]
```

常用的选项及说明如表 2-5 所示。

表 2-5 rmdir 命令常用选项列表

选项	说　明
-p	删除指定目录后，若上级目录为空，则一并删除

【例 2-14】 在/home 目录下删除多级目录 a/b/c。

```
[root@localhost home]rmdir -p a/b/c
```

8. cp 命令

cp 命令用于复制文件或者目录。
命令格式：

```
cp [选项] [源文件或目录名] [目标文件或目录名]
```

常用的选项及说明如表 2-6 所示。

表 2-6 cp 命令常用选项列表

选项	说　明
-a	此选项通常在复制目录时使用，它保留链接、文件属性，并复制目录下的所有内容
-d	复制时保留链接
-f	覆盖已经存在的目标文件或目录而不作提示
-i	与-f 选项相反，在覆盖目标文件之前给出提示，要求用户确认是否覆盖，回答 y 时目标文件将被覆盖
-p	在复制时保留原文件的属性不变

续表

选项	说　明
-r	复制目录，递归复制所有的子目录和文件
-l	不复制文件，只是生成链接文件

【例 2-15】 将目录/etc/yum 及其内容复制到/home 目录下。

```
[root@localhost ~]cp -r /etc/yum /home
```

【例 2-16】 将文件/var/test 复制到/home 目录下，并且重命名为 file。

```
[root@localhost ~]cp /var/test /home/file
```

9. mv 命令

mv 命令用于移动文件或者对文件重命名。

命令格式：

```
mv [选项] [原文件或目录名] [目标文件或目录名]
```

常用的选项及说明如表 2-7 所示。

表 2-7 mv 命令常用选项列表

选项	说　明
-b	当目标文件或目录存在时，在执行覆盖前，会为其创建一个备份
-i	如果指定移动的源目录或文件与目标的目录或文件同名，则会先询问是否覆盖旧文件，输入 y 表示直接覆盖，输入 n 表示取消该操作
-f	覆盖已经存在的目标文件或目录而不作提示
-n	不要覆盖任何已存在的文件或目录
-u	当源文件比目标文件新或者目标文件不存在时，才执行移动操作

【例 2-17】 将/home 目录下文件 test.txt 重命名为 file.txt。

```
[root@localhost ~]mv /home/test.txt /home/file.txt
```

【例 2-18】 将/home 目录下文件 file.txt 移动到/tmp 目录下。

```
[root@localhost ~] mv /home/file.txt /tmp
```

【例 2-19】 将/home 目录下的/test 目录移动到/var 目录下。

```
[root@localhost home]# mkdir test
[root@localhost home]# mv test /var
```

10. cat 命令

cat 命令用于连接文件或标准输入并打印。

命令格式：

```
cat [选项] [文件名]
```

常用的选项及说明如表 2-8 所示。

表 2-8 cat 命令常用选项列表

选项	说　明
-n	由 1 开始对所有输出的行数编号
-b	和－n 相似，只不过对于空白行不编号
-s	当遇到有连续两行以上的空白行，就代换为一行的空白行
-v	使用^和 M-符号，除了 LFD 和 TAB 之外
-E	在每行结束处显示 $
-T	将 TAB 字符显示为^I

【例 2-20】 查看/etc/centos-release 文件中的内容。

```
[root@localhost ~]# cat /etc/centos-release
CentOS Linux release 7.4.1708 (Core)
```

【例 2-21】 查看/etc/passwd 文件中的内容，并且让每一行显示行号。

```
[root@localhost ~]# cat -n /etc/passwd
     1 root:x:0:0:root:/root:/bin/bash
     2 bin:x:1:1:bin:/bin:/sbin/nologin
     3 daemon:x:2:2:daemon:/sbin:/sbin/nologin
...
```

使用 cat 命令查看文件内容时，如果文件内容较多，只有最后一页内容在屏幕中显示，可使用 Shift+PgUp 上翻查看其余内容。

11. more 命令

对于内容较多的文件，可使用 more 命令分屏显示进行查看，从前向后翻页。

命令格式：

```
more [文件名]
```

more 命令会在最下面一行使用百分比的形式显示当前阅读量，可用回车键逐行显示，也可用空格键快速翻页，阅读到文件结束弹出。

【例 2-22】 查看 anaconda-ks.cfg 文件中的内容。

```
[root@localhost ~]# more anaconda-ks.cfg
#version=DEVEL
# System authorization information
auth --enableshadow --passalgo=sha512
# Use CDROM installation media
cdrom
# Use graphical install
graphical
--More--(32%)
```

12. less 命令

less 命令的作用是对文件或其他输出进行分页显示。

命令格式：

```
less [文件名]
```

【例 2-23】 查看 anaconda-ks.cfg 文件中的内容。

```
[root@localhost ~]# less anaconda-ks.cfg
#version=DEVEL
# System authorization information
auth --enableshadow --passalgo=sha512
# Use CDROM installation media
cdrom
# Use graphical install
graphical
# Run the Setup Agent on first boot
firstboot --enable
ignoredisk --only-use=sda
# Keyboard layouts
keyboard --vckeymap=cn --xlayouts='cn'
# System language
lang zh_CN.UTF-8
```

less 的用法比起 more 更加有弹性。在使用 more 命令阅读文件时，只能向后翻页，但使用 less 命令时，就可以使用 PgUp、PgDn 按键往前往后翻看文件，使阅读文件内容更为便利。

13. head 命令

head 命令用于显示文件开头的内容。在默认情况下，head 命令显示文件的头 10 行内容。

命令格式：

```
head [选项] [文件名]
```

常用的选项及说明如表 2-9 所示。

表 2-9　head 命令常用选项列表

选项	作　用	选项	作　用
-q	隐藏文件名	-c <数目>	显示的字节数
-v	显示文件名	-n <行数>	显示的行数

【例 2-24】 查看/etc/passwd 文件前 5 行的内容。

```
[root@localhost ~]# head -5 /etc/passwd
root:x:0:0:root:/root:/bin/bash
bin:x:1:1:bin:/bin:/sbin/nologin
daemon:x:2:2:daemon:/sbin:/sbin/nologin
adm:x:3:4:adm:/var/adm:/sbin/nologin
lp:x:4:7:lp:/var/spool/lpd:/sbin/nologin
```

14. tail 命令

和 head 命令相反，tail 命令是用于输入文件中的尾部内容，默认是输出文件的末尾 10 行。

命令格式：

```
tail [选项] [文件名]
```

tail 命令也可以用于持续刷新文件的内容。

【例 2-25】 查看/etc/passwd 文件的后 5 行内容。

```
[root@localhost ~]# tail -5 /etc/passwd
dovenull:x:377:374:Dovecot's unauthorized user:/usr/libexec/dovecot:/sbin/nologin
sshd:x:74:74:Privilege-separated SSH:/var/empty/sshd:/sbin/nologin
oprofile:x:16:16:Special user account to be used by OProfile:/var/lib/oprofile:/sbin/nologin
tcpdump:x:72:72::/:/sbin/nologin
Ryan:x:1000:1000:Ryan:/home/Ryan:/bin/bash
```

【例 2-26】 刷新日志文件。

```
[root@localhost ~]# tail -f /var/log/messages
Nov 23 22:58:02 localhost systemd: Created slice User Slice of pcp.
Nov 23 22:58:02 localhost systemd: Starting User Slice of pcp.
Nov 23 22:58:02 localhost systemd: Started Session 3 of user pcp.
...
```

15. echo 命令

echo 命令用于输出指定的内容。

命令格式：

```
echo [指定内容]
```

【例 2-27】 在屏幕上打印输出 Hello World。

```
[root@localhost ~]# echo "Hello World"
Hello World
```

16. grep 命令

grep 命令用于在文本中执行关键词搜索,并显示出匹配的结果。

命令格式：

```
grep [选项] 查找条件 目标文件
```

常用的选项及说明如表 2-10 所示。

表 2-10 grep 命令常用选项列表

选项	说　明
-c	只输出匹配字符串行的数量
-i	不区分大小写
-h	查询多文件时不显示文件名
-l	查询多文件时只输出包含匹配字符的文件名
-n	显示匹配行及行号
-s	不显示不存在或无匹配文本的错误信息
-v	显示不包含匹配文本的所有行
-w	只显示全字符合的列

【例 2-28】　在 anaconda-ks. cfg 文件中查找包含关键字 root 的内容。

```
[root@localhost ~]# grep "root" anaconda-ks.cfg
rootpw --iscrypted
$6$a/yX9o4du6MNs6P.$5Tdd4.KpGAfgL5DuoV//d/GwnPMxtLcVURF6cdulXvijFdmq0R8E8oSlOZZIK4Df/
Y0Q30sABpoyITK56m08y0
pwpolicy root --minlen=6 --minquality=1 --notstrict --nochanges --notempty
```

在显示的匹配结果中,关键字 root 被标注为红色。

17. wc 命令

wc 命令用于统计文本的字数、行数、字节数等信息。

命令格式:

```
wc [选项][文件名]
```

常用的选项及说明如表 2-11 所示。

表 2-11　wc 命令常用选项列表

选项	作　用	选项	作　用
-l	显示文本的行数	-c	显示文本字节数
-w	显示文本单词数		

【例 2-29】　查询当前系统用户数。

```
[root@localhost etc]# wc -l /etc/passwd
60 /etc/passwd
```

/etc/passwd 文件为系统中保存账户信息的文件,每一行对应一个账户,查询 passwd 文件的行数便知道系统账户的数量。

18. locate 命令

locate 命令用于在后台数据库中按文件名快速搜索,查找合乎范本样式条件的文档或目录。

命令格式:

```
locate [文件名]
```

【例 2-30】　找出文件 CentOS-Media. repo 的所在路径。

```
[root@localhost etc]# locate CentOS-Media.repo
/etc/yum.repos.d/CentOS-Media.repo
```

locate 命令将打印与搜索模式匹配且用户具有对所有文件和目录绝对路径的读取权限。

19. find 命令

find 命令用于按指定条件查找文件。

命令格式:

```
find [查找路径] [查找条件] [执行动作]
```

find 命令是功能非常强大的文件查找命令，在一个目录(及子目录)中搜索文件，可以指定匹配条件，如按文件名、文件类型、用户甚至是时间戳查找文件。

查找路径：根据需要指定所要搜索的目录及其子目录，默认为当前目录，若指定为"/"，则进行全局查找。

查找条件：所要搜索的文件的特征可以是文件名、文件大小、文件类型等，用户可自行进行设置。

执行动作：对搜索结果进行特定的操作。

常用的查找条件如表 2-12 所示。

表 2-12 find 命令常用查找条件列表

条 件	说 明
-name	按照文件名查找文件
-perm	按照文件权限查找文件
-prune	使用这一选项可以不在当前指定的目录中查找
-user	按照文件属主查找文件
-group	按照文件所属的组查找文件
-mtime －n ＋n	按照文件的更改时间查找文件
-nogroup	查找无有效所属组的文件
-nouser	查找无有效属主的文件
-type	查找某一类型的文件
-size n	查找文件长度为 n 块的文件

【例 2-31】 查找/etc 目录下以 conf 结尾的文件。

```
[root@localhost ~]# find /etc -name *.conf
```

【例 2-32】 查询/etc 目录下，5 天之前修改，且属于 root 的文件。

```
[root@localhost ~]# find /etc -mtime +5 -user root
```

【例 2-33】 查找权限为 775 的文件。

```
[root@localhost ~]# find /etc -perm 775
```

【例 2-34】 将/data/log/目录下以.log 结尾的文件，且更改时间在 7 天以上的删除。

```
[root@localhost ~]# find /var/log/ -name '*.log' -mtime +7 -exec rm -rf {} \:
```

学习情境 2 熟悉帮助命令

1. help 命令

help 命令用于查看命令帮助信息。

命令格式：

```
help [内部命令] 或 [外部命令] --help
```

【例 2-35】 查看 cd 命令的帮助信息。

```
[root@localhost ~]# help cd
cd: cd [-L|[-P [-e]]] [dir]
    Change the shell working directory.
```

help 命令可以查看 Shell 内部命令的帮助信息，而 Linux 系统中绝大多数命令是外部命令，当查看外部命令的帮助信息时，可使用"--help"查看，若用前一种命令格式，则会显示报错信息。

【例 2-36】 查看 touch 命令的帮助信息。

```
[root@localhost ~]# help touch
bash: help: 没有与 'touch' 匹配的帮助主题.尝试 'help help' 或者 'man -k touch' 或者 'info touch'.
[root@localhost ~]# touch --help
用法:touch [选项]... 文件...
Update the access and modification times of each FILE to the current time.
```

2. man 命令

man 命令用于快速查询其他每个 Linux 命令的详细描述和使用方法。

命令格式：

```
man [命令]
```

【例 2-37】 查看 touch 命令的帮助手册。

```
[root@localhost ~]# man touch
```

命令的帮助手册以格式化显示，按 Q 键退出。

3. alias 命令

alias 命令用于设置指令的别名。

命令格式：

```
alias [别名]=[指令名称]
```

【例 2-38】 设置 kan 为 ls 命令的别名。

```
[root@localhost ~]# alias kan=ls
[root@localhost ~]# kan
anaconda-ks.cfg           公共   视频   文档   音乐
initial-setup-ks.cfg      模板   图片   下载   桌面
```

alias 命令可以将较长的命令进行简化，从而提高执行效率。然而使用 alias 命令设置的别名仅对当前 Shell 进程有效，若要每次登入时即自动设好别名，可在.profile 或.cshrc 中设定指令的别名。

4. ln 命令

ln 命令用于为文件或目录建立链接。

命令格式：

```
ln [选项] [源文件] [目标文件]
```

链接文件分为 Hard Link 和 Symbolic Link 两种。Hard Link 文件又称为硬链接文件、实体链接文件，类似于源文件的副本，Symbolic Link 文件则常被称为符号链接、软链接文件，类似于源文件的快捷方式，创建时需要使用“-s”选项。

【例 2-39】 为/etc/passwd 文件创建一个软连接/root/pw，通过 ls 命令查看链接文件的详细信息。

```
[root@localhost ~]# ln -s /etc/passwd /root/pw
[root@localhost ~]# ls -l /root/pw
lrwxrwxrwx. 1 root root 11 1月 25 19:13 /root/pw -> /etc/passwd
```

5. history 命令

history 命令用于查看命令历史记录。

命令格式：

```
history [选项]
```

常用的选项及说明如表 2-13 所示。

表 2-13 history 命令常用选项列表

选项	说 明
-c	删除所有条目从而清空历史列表
-a	将历史命令缓冲区中的命令写入历史命令文件中
-r	将历史命令文件中的命令读入当前历史命令缓冲区
-w	将当前历史命令缓冲区的命令写入历史命令文件中

通过上、下方向键可逐条查看 Shell 中命令的历史记录，直接使用 history 命令可显示出所有命令历史记录。

```
[root@localhost etc]# history
    1 reboot
    2 cd /home
    3 ls
...
```

【例 2-40】 查看最近执行的 3 条命令的历史记录。

```
[root@localhost etc]# history 3
   69 cd /etc
   70 ls
   71 history 3
```

history 命令通过加上数字就可指定查看的范围。

【例 2-41】 保存缓冲区的命令历史记录到“. bash_history”文件中。

```
[root@localhost ~]# history -w
```

【例 2-42】 将“. bash_history”文件中的命令历史记录读取到缓存中。

```
[root@localhost ~]# history -r
```

【例 2-43】 删除缓存中的所有命令的历史记录。

```
[root@localhost etc]# history -c
```

若要删除指定的某条历史记录，则可使用“-d”选项，例如，删除第 10 条命令历史记录。

```
[root@localhost ~]# history -d 10
```

6. clear 命令

clear 命令用于清除屏幕的内容。

命令格式：

```
clear
```

学习情境3　熟悉日期和时间命令

1. cal 命令

cal 命令用于显示日历。

命令格式：

```
cal [选项]
```

常用的选项及说明如表 2-14 所示。

表 2-14　cal 命令常用选项列表

选项	说　明
-1	显示一个月的月历
-2	显示系统前一个月、当前月、下一个月的月历
-s	显示星期天为一个星期的第一天(默认的格式)
-m	显示星期一为一个星期的第一天
-j	显示在当年中的第几天
-y	显示当前年份的日历

2. date 命令

date 命令用于设定和显示日期。

命令格式：

```
date [选项] [格式]
```

常用的选项及说明如表 2-15 所示。

表 2-15　date 命令常用选项列表

选项	说　明
-d	显示字符串所指的日期与时间
-s	根据字符串设置日期与时间
-u	显示 GMT

date 命令通过格式符以不同方式显示日期和时间，常用的格式符如表 2-16 所示。

表 2-16　date 命令常用格式列表

格式符	说　明
%H	小时(以 00～23 表示)
%I	小时(以 01～12 表示)

续表

格式符	说　明
%K	小时(以 0～23 表示)
%l	小时(以 0～12 表示)
%M	分钟(以 00～59 表示)
%P	AM 或 PM
%r	时间(含时分秒,小时以 12 小时 AM/PM 表示)
%s	总秒数,起算时间为 1970-01-01 00：00：00 UTC
%S	秒(以本地的惯用法表示)
%T	时间(含时分秒,小时以 24 小时制表示)
%X	时间(以本地的惯用法表示)
%Z	市区
%a	星期的缩写
%A	星期的完整名称
%b	月份英文名的缩写
%B	月份的完整英文名称
%c	日期与时间。只输入 date 指令也会显示同样的结果
%d	日期(以 01～31 表示)
%D	日期(含年月日)
%F	显示 YY-MM-DD
%j	该年中的第几天
%m	月份(以 01～12 表示)
%U	该年中的周数
%w	一个星期的第几天(0 代表星期天)
%W	一年的第几个星期(00..53,星期一为第一天)
%X	相当于%HH%MM%SS
%y	年份(以 00～99 表示)
%Y	年份(以四位数表示)
%n	在显示时,插入新的一行
%t	在显示时,插入 tab
MM	月份
DD	日期
hh	小时
mm	分钟
ss	秒

【例 2-44】 显示当前日期和时间。

```
[root@localhost ~]# date
2022 年 01 月 28 日 星期五 01:02:29 CST
```

【例 2-45】 以世界标准时间显示。

```
[root@localhost ~]# date -u
2022 年 01 月 27 日 星期四 17:11:28 UTC
```

【例 2-46】 以字符串格式显示特定日期。

```
[root@localhost ~]# date --date="5/20/2021 13:14"
```

```
2021 年 05 月 20 日 星期四 13:14:00 CST
```

【例 2-47】 以 yyyy-mm-dd H:M:S 格式打印日期。

```
[root@localhost ~]# date "+%Y-%m-%d %H: %M: %S"
2022-01-28 01:21:20
```

【例 2-48】 将当前日期修改为 2021 年 6 月 8 日上午 18：30。

```
[root@localhost ~]# date -s "2021-6-8 18:30"
2021 年 06 月 08 日 星期二 18:30:00 CST
[root@localhost ~]# date
2021 年 06 月 08 日 星期二 18:30:07 CST
```

学习情境 4　熟悉重定向和管道命令

1. 重定向

Linux 系统在进行输入和输出操作时，从键盘输入和向屏幕输出以及向屏幕输出错误信息三个数据流分别定义为文件：stdin(标准输入)，文件描述符为 0；stdout(标准输出)，文件描述符为 1；stderr(标准错误)，文件描述符为 2。

可执行程序从文件读取数据(包括 stdin 和数据文件、设备文件)，向文件输出结果和错误信息(通常是屏幕)，数据流重定向可以修改命令读取信息输出结果和错误信息的文件对象，输入重定向将文件导入命令中，输出重定向将信息写入文件中，不在屏幕输出。

重定向使用符号如表 2-17 所示。

表 2-17　重定向符号列表

符号	说　　明
＜	输入重定向到一个程序
＞	输出重定向到一个文件或设备，覆盖原来的文件
＞!	输出重定向到一个文件或设备，强制覆盖原来的文件
≫	输出重定向到一个文件或设备，追加原来的文件
2＞	将一个标准错误输出重定向到一个文件或设备
2≫	将一个标准错误输出重定向到一个文件或设备，追加到原来的文件
&＞	输出重定向和错误重定向合并

【例 2-49】 新建一个文档 test1. txt，写入 Hello World，通过输入重定向查看 test1. txt 文件的内容。

```
[root@localhost ~]# vim test1.txt
Hello World !
[root@localhost ~]# cat < test1.txt
Hello World !
```

cat 命令会接受默认标准输入设备键盘的输入，并显示到控制台，但是可以通过“＜”符号修改标准输入设备，指定文件作为标准输入设备，那么 cat 命令将指定的文件作为输入设备，并将文件中的内容读取然后显示到控制台。

查看当前目录下文件的详细信息，将输出结果保存写入 list. txt 文档中。

```
[root@localhost ~]# ll > list.txt
```

重定向输出的目标文件 list.txt 如果不存在，则会新建 list.txt，然后将命令执行的结果写入该文件中；如果 list.txt 存在，则会清空该文件中的内容，然后将命令执行结果写入文件中。

如果想要将内容重定向输入文件中，且不覆盖原文件中的内容，可使用“>>”操作符将命令执行结果通过追加写入的方式保存到文件中，而不影响文件中原来的内容。

```
[root@localhost ~]# ll >> list.txt
```

2. 管道命令

管道命令使用“|”作为界定符号，连接左右两边的命令，管道符“|”左边命令的执行结果作为右边命令的输入，这样的一个数据传递方式可以将多个命令连接起来，实现更强大的功能。

管道命令“|”可以将前一个命令行的 stdout 数据作为第二个命令行的 stdin 输入，如图 2-2 所示。

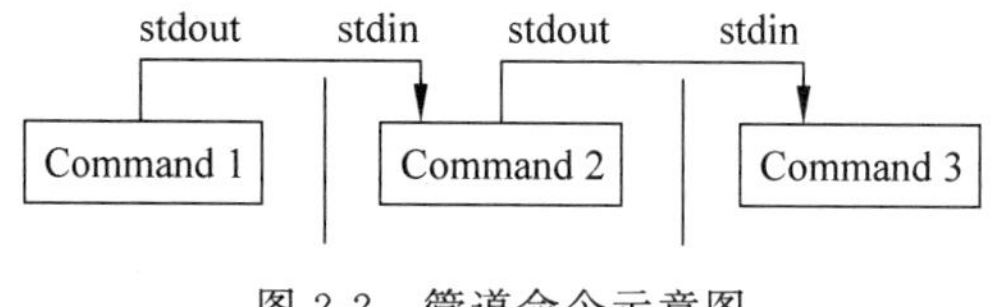

图 2-2 管道命令示意图

【例 2-50】 查看系统中有哪些用户的登录 Shell 是/bin/bash。

```
[root@localhost ~]# cat /etc/passwd | grep "/bin/bash"
root:x:0:0:root:/root:/bin/bash
amandabackup:x:33:6:Amanda user:/var/lib/amanda:/bin/bash
postgres:x:26:26:PostgreSQL Server:/var/lib/pgsql:/bin/bash
Ryan:x:1000:1000:Ryan:/home/Ryan:/bin/bash
...
```

【例 2-51】 使用 more 命令分页显示/etc 目录下所有内容的详细信息。

```
[root@localhost ~]# ls -l /etc | more
```

任务 3 认识文档编辑

学习情境 1 掌握文档编辑器 Vim

不逊色于任何最新的文本编辑器，Vim 是我们使用 Linux 系统不能缺少的工具。由于对 UNIX 及 Linux 系统的任何版本，Vim 编辑器是完全相同的，学会它后，你将在 Linux 的世界里畅行无阻。

Vim 具有程序编辑的能力，可以以字体颜色辨别语法的正确性，方便程序设计。因为程序简单，编辑速度相当快速。

Vim 可以当作 Vi 的升级版本,它可以用多种颜色的方式显示一些特殊的信息。

Vim 会依据文件扩展名或者是文件内的开头信息,判断该文件的内容而自动执行该程序的语法判断式,再以颜色显示程序代码与一般信息。

Vim 里面加入了很多额外的功能,例如,支持正则表达式的搜索、多文件编辑、块复制等。这对于我们在 Linux 上进行一些配置文件的修改工作是很棒的功能。

Vim 的三种模式如下。

(1) 命令模式:使用 Vim 编辑文件时,默认处于命令模式。在此模式下,可以使用上、下、左、右键或者 k、j、h、l 命令进行光标移动,还可以对文件内容进行复制、粘贴、替换、删除等操作。

(2) 输入模式:在输入模式下可以对文件执行写操作,类似在 Windows 的文档中输入内容。进入输入模式的方法是输入 i、a、o 等插入命令,编写完成后按 Esc 键即可返回命令模式。

(3) 末行模式:如果要保存、查找或者替换一些内容等,就需要进入编辑模式。末行模式的进入方法为:在命令模式下按":"键,Vim 窗口的左下方会出现一个":"符号,这时就可以输入相关的指令进行操作了。指令执行后会自动返回命令模式。

学习情境 2　掌握文档编辑常用命令及操作

1. 光标移动

1) 以字符为单位移动

在命令模式中,使用 h、j、k、l 这 4 个字符控制方向,分别表示向左、向下、向上、向左,也可使用方向键进行移动控制。

2) 以单词为单位移动

在命令模式下,除了以字符为单位移动光标外,也可以单词为单位移动定位光标的位置,如表 2-18 所示。

表 2-18　以单词为单位移动的命令列表

命令	说　　明	命令	说　　明
w	移动光标到下一个单词的单词首	e	移动光标到下一个单词的单词尾
b	移动光标到上一个单词的单词首		

3) 以行尾为单位移动

在命令模式下,可以使用命令使光标在文件行之间快速移动,跳转到相应位置,方便用户对文件进行编辑修改,如表 2-19 所示。

表 2-19　以行尾为单位移动的命令列表

命　令	说　　明
:set nu	显示行号
:set nonu	取消行号显示
gg	跳转到文件首行,光标停于行首
G	跳转到文件末行,光标停于行首

续表

命　令	说　　明
0	移动光标到当前行的行首
$	移动光标到当前行的行尾
:*	移动光标到第 * 行

【例 2-52】 打开一个文件对其进行编辑，为了快速定位便于编辑，可以先输入“:”进入末行模式，执行 set nu 命令显示行号，回到命令模式，使用命令 gg 跳转到第一行，使用命令 G 跳转到最后一行，也可在 G 的前面加上数字跳转到具体的某一行，例如，输入命令 5G 跳转到第五行。

在文件的同一行也可用命令快速移动到行尾，输入数字 0 将光标快速移动到当前行的行首，输入符号“$”则将光标快速移动到当前行的行尾；也可输入数字后按下左、右方向键，光标移动到数字表示的字符位置，例如，输入数字 7 后按下右方向键，则光标向右移动 7 个字符的位置。

如果要将光标快速定位到具体的某一行，只要来到末行模式下，在“:”后输入具体的行号数字，按回车键后光标迅速定位到该行行首。

2. 文件内容检索

要在文件中快速进行检索，找到想要的内容，可使用如表 2-20 所示的命令进行查找操作。

表 2-20　文件内容检索命令列表

命令	说　　明
/str	自上而下检索字符串 str
?str	自下而上检索字符串 str
n	相同方向定位下一个匹配的被检索字符串
N	相反方向定位下一个匹配的被检索字符串

【例 2-53】 想要在文件中检索字符串 modules，在命令模式下，直接键入“/modules”后按下回车键，光标快速定位到文件中第一个查找结果，输入 n 找到下一个查找结果，输入 N 找到上一个查找结果。

3. 内容的复制、粘贴和删除

内容的复制、粘贴和删除命令如表 2-21 所示。

表 2-21　内容的复制、粘贴和删除命令列表

命令	说　　明
yy	复制光标所在当前行的内容到剪贴板
* yy	复制光标处开始的 * 行内容到剪贴板
p	将剪贴板的内容粘贴到光标所在行的下一行
dd	删除光标所在行
* dd	删除光标处开始的 * 行内容
d^	删除光标处到当前行行首的内容

续表

命令	说　　明
d$	删除光标处到当前行行尾的内容
x	删除光标处的单个字符

在文本编辑中，可用命令 yy 复制当前行的内容，也可在命令前加上数字，例如，输入命令 5yy，则复制光标处开始的 5 行内容到剪贴板。

使用命令 dd 删除当前行，也可在命令前加上数字，例如，输入命令 6dd，则删除光标所在当前行以及以下 5 行的内容。

使用命令 x 可对光标所在处的文本进行单个字符的删除，也可使用 Delete 键敲击得到相同效果。

4. 编辑的撤销和重复

在文件编辑过程中，既可以使用命令撤销之前的操作，也可以重复多次之前的操作。如表 2-22 所示。

表 2-22　撤销和重复命令列表

命令	说　　明
u	取消最近的一次操作，使文件恢复到操作前的状态
.	再次执行一遍最近的一次操作

在命令模式下，使用命令 u 可以撤销最近的一次操作，多次单击可撤销之前的多步操作。

使用命令“.”可将最近一次操作反复执行多遍。

5. 编辑文件

在当前光标所在位置插入随后输入的文本，光标后的文本相应向右移动。常用的编辑文件命令如表 2-23 所示。

表 2-23　编辑文件命令列表

命令	作　　用
i	在当前光标所在位置插入随后输入的文本，光标后的文本相应向右移动
I	在光标所在行的行首插入随后输入的文本，行首是该行的第一个非空白字符，相当于光标移动到行首执行 i 命令
a	在当前光标所在位置之后的下一个字符处输入文本
A	在光标所在行的行尾插入随后输入的文本，相当于光标移动到行尾再执行 a 命令
o	在光标所在行的下面插入新的一行。光标停在空行的行首，等待输入文本
O	在光标所在行的上面插入新的一行。光标停在空行的行首，等待输入文本

当处于输入模式时，屏幕左下角出现“--INSERT--”的状态提示，此时可对文件进行插入编辑。

6. 保存和退出

在命令模式下输入“:”可切换至末行模式，进入末行模式后，Vim 编辑器的最后一行出现“:”提示符，输入相应命令，完成对文件的编辑。保存和退出命令列表如表 2-24 所示。

表 2-24 保存和退出命令列表

命令	作　用	命令	作　用
:q	退出编辑	:wq	保存并退出编辑
:w	保存文件	:q!	不保存修改并退出编辑

习　题

一、选择题

1. 普通用户目录的默认存放位置为(　　)。

A. /home　　B. /etc　　C. /dev　　D. /usr

2. 输入(　　)命令可以获取 cd 命令的帮助信息。

A. ?cd　　B. man cd　　C. help cd　　D. echo cd

3. 显示一个文件最后几行的命令是(　　)。

A. last　　B. tail　　C. head　　D. less

4. 删除文件的命令为(　　)。

A. rmdir　　B. rm　　C. mv　　D. cp

5. 在 Vim 中保存退出的命令是(　　)。

A. :w　　B. :q　　C. :wq　　D. :q!

二、填空题

1. 在 Linux 系统中,用来存放系统所需要的配置文件和子目录的目录是____________。

2. ____________命令可以移动文件和目录,还可以为文件和目录重新命名。

3. 使用____________符号将输出重定向内容附加到原文之后。

项 目 3

掌握账户与权限管理

Linux 是多用户、多任务的网络操作系统，对用户和权限的管理是系统管理员应掌握的基本内容，对文件的属性进行设置，根据用户需求进行分组，是实现资源共享和保障系统安全的关键。

【知识能力培养目标】

(1) 了解用户和组的配置文件。

(2) 掌握用户和组的操作管理方法。

(3) 掌握文件和目录的权限管理。

【课程思政培养目标】

课程思政培养目标如表 3-1 所示。

表 3-1 课程思政培养目标

教学内容	思政元素切入点	育人目标
管理账户与文件属性操作、权限管理	讲述网络管理员在工作中对账户的管理与权限分配的重要性，权责分明，各司其职	增强工作中的规范意识，明确职业技术岗位所需的职业规范和精神，树立社会主义核心价值观
访问控制列表	访问控制列表的功能是对到访的数据包进行访问控制。只允许符合访问条件的数据包进行访问，达到网络安全的目的。在人类社会生活中，做任何事都要遵守规则	培养学生树立法律意识，遵守校规，做一个遵纪守法的好学生

任务 1 掌握用户和组管理

Linux 是多用户、多任务的网络操作系统，用户和组的管理对系统安全尤为重要。

学习情境1　了解Linux账户类型

Linux是多用户、多任务的操作系统，可以同一时间多个用户登录同一个系统，执行多个不同任务且互相不受影响，为实现多用户共享和保障资源的安全，要对用户进行不同权限的分配，权限不同所完成的任务也不同，用户组则在很大程度上提高了管理效率。

(1) 超级用户：管理员，默认是root用户，拥有对系统最高的管理权限，对所有文件具有访问、修改和执行权限。

(2) 普通用户：由管理员创建，拥有的权限具有局限性，只能对自己主目录下的文件进行访问、修改和执行。

(3) 程序用户：主要用于让服务类进程或后台进程以非管理员身份运行，该类用户不能登录系统，多为安装系统或应用程序时自动添加，一般权限较低。

在日常工作中，若以root用户登录对系统进行操作，如果出现误操作，将对操作系统造成不可逆的损伤，通常创建一个普通用户对系统进行常规操作，而不使用root用户直接登录访问系统。

当多个用户具有相同的权限，则组成一个用户组。

学习情境2　了解用户管理

在Linux系统中，用户管理主要包括创建新用户、修改用户属性、密码管理以及删除用户等操作。

1. 创建新用户

使用useradd命令创建新用户，基本命令格式为：

```
useradd  [选项][用户名]
```

创建新用户使用useradd命令，常用选项及说明如表3-2所示。

表3-2　创建用户命令常用选项列表

选项	说　明	选项	说　明
-d	指定用户主目录	-u	手动指定用户的UID
-g	指定用户组	-s	指定用户登录Shell
-c	设置对该账号的注释说明	-M	不创建用户家目录

【例3-1】 创建名为Jack的用户。

```
[root@localhost ～]# useradd Jack
```

当用户创建成功，在系统文件/etc/passwd和/etc/shadow/中增加该用户的记录。如果在创建用户时没有指明用户的家目录和用户组，则会在/home目录下自动创建与用户同名的家目录，同时会自动创建与该用户同名的用户组，组账号的记录信息则保存在/etc/group和/etc/gshadow中。

【例3-2】 创建新用户Ryan，并将其家目录指定为/test。

```
[root@localhost ～]# useradd -d /test Ryan
```

创建新用户 Ryan 的同时,在根目录下创建了 Ryan 用户的家目录/test。

【例 3-3】 创建新用户 Sean,并将其 UID 指定为 1007。

```
[root@localhost ~]# useradd -u 1007 Sean
[root@localhost ~]# tail -1 /etc/passwd
Sean:x:1007:1007::/home/Sean:/bin/bash
```

普通用户的 UID 从 1000 开始递增,使用"-u"选项,则可以给新建用户账号指定 UID。

【例 3-4】 创建新用户 Kaka,指定为组 student 的成员。

```
[root@localhost ~]# useradd -g student Kaka
[root@localhost ~]# id Kaka
uid=1008(Kaka) gid=1000(student) 组=1000(student)
```

在创建新用户时为其指定基本组,必须保证指定用户组已经存在,系统将不再创建与用户名同名的用户组。

【例 3-5】 创建新用户 Messi,设置家目录为/milan,加入 root 组,加注释 university,指定登录 Shell 为/bin/sh。

```
[root@localhost ~]# useradd -d /milan -g root -c university -s /bin/sh Messi
[root@localhost ~]# tail -1 /etc/passwd
Messi:x:1009:0:university:/milan:/bin/sh
[root@localhost ~]# id Messi
uid=1009(Messi) gid=0(root) 组=0(root)
```

useradd 命令的选项也可联合起来同时使用。

2. 修改用户属性

对于已经创建好的用户,如果要修改其属性信息,可以编辑/etc/passwd 文件中的相关参数,或者使用 usermod 命令修改和设置账号的各项属性。基本命令格式为:

```
usermod [选项] [用户名]
```

修改用户账号属性使用 usermod 命令,常用选项及说明如表 3-3 所示。

表 3-3 修改用户属性命令常用选项列表

选项	说明	选项	说明
-l	修改用户名	-s	修改用户登录后使用的 Shell
-d	修改用户主目录	-u	修改用户 UID
-c	修改用户注释信息	-L	锁定账号,临时禁止用户登录
-g	修改用户所属基本组	-U	解锁账号
-G	修改用户所属附加组		

【例 3-6】 将用户的名称 Jack 修改为 Monica。

```
[root@localhost ~]# usermod -l Monica Jack
```

【例 3-7】 将用户 Ryan 的主目录 Ryan 修改为/var/rui。

```
[root@localhost ~]# mkdir /var/rui
[root@localhost ~]# usermod -d /var/rui Ryan
```

【例 3-8】 将用户 Sean 的基本组修改为 root。

```
[root@localhost ~]# id Sean
uid=1007(Sean) gid=1007(Sean) 组=1007(Sean)
[root@localhost ~]# usermod -g root Sean
[root@localhost ~]# id Sean
uid=1007(Sean) gid=0(root) 组=0(root)
```

3. 密码管理

新用户需要创建密码之后才能登录系统，使用 passwd 命令对用户密码进行管理，可对当前用户设置或更改密码。基本命令格式为：

```
passwd [选项][用户名]
```

用户账号密码管理使用 passwd 命令，常用选项及说明如表 3-4 所示。

表 3-4 密码管理命令常用选项列表

选项	说　明	选项	说　明
-S	查看用户密码状态	-u	解锁用户密码
-l	锁定用户密码	-d	删除用户密码

【例 3-9】 为用户 Jack 设置系统登录密码。

```
[root@localhost ~]# passwd Jack
```

passwd 命令除了设置用户密码外，还用来管理用户的密码。

4. 删除用户

删除一个已存在的账号使用 userdel 命令。基本命令格式为：

```
userdel [选项][用户名]
```

【例 3-10】 删除用户 Jack 及其主目录。

```
[root@localhost ~]# userdel -r Jack
```

学习情境 3 管理用户组

1. 创建用户组

使用 groupadd 命令创建用户组。基本命令格式为：

```
groupadd [选项][用户组名]
```

【例 3-11】 创建用户组 manage。

```
[root@localhost ~]#groupadd manage
```

2. 修改用户组属性

对于已创建好的用户组，使用 groupmod 命令修改其属性。基本命令格式为：

```
groupmod [选项][用户组名]
```

【例 3-12】 修改用户组 teacher 为 engineer。

```
[root@localhost ~]#groupmod -n teacher engineer
```

3. 维护用户组

gpasswd 命令用于给群组设置一个群组管理员,进行将用户加入或移出群组的操作。基本命令格式为:

```
gpasswd [选项][用户名][用户组名]
```

【例 3-13】 添加用户 Jack 到用户组 sales。

```
[root@localhost ~]#gpasswd -a Jack sales
```

4. 删除用户组

使用 groupdel 命令删除用户组。基本命令格式为:

```
groupdel [用户组名]
```

【例 3-14】 删除用户组 sales。

```
[root@localhost ~]#groupdel sales
```

学习情境 4　熟知相关系统的配置文件

1. 用户信息配置文件/etc/passwd

在 Linux 系统中,/etc/passwd 文件包含系统里用户的基本信息,每个用户对应文件里的一行记录,每行记录由 7 个字段构成,内容通过":"分隔开来,每个字段分别表示该用户的属性信息。所有用户对该文件都有访问权限。

```
[root@localhost ~]# cat /etc/passwd
root:x:0:0:root:/root:/bin/bash
bin:x:1:1:bin:/bin:/sbin/nologin
daemon:x:2:2:daemon:/sbin:/sbin/nologin
...
```

以文件的第一行 root 的信息为例,介绍字段的含义。

第 1 个字段 root:用户名。

第 2 个字段 x:密码占位符。出于安全性的考虑,使用占位符表示这是一个密码字段,真正的密码并不存放于此,而是存放在权限受到严格限制的/etc/shadow 中。

第 3 个字段 0:用户的 UID,root 的 UID 默认为 0。普通用户的 UID 默认值为 1000~60000。

第 4 个字段 0:用户所属组的 GID。普通用户组的 GID 默认值为 1000~60000。

第 5 个字段 root:用户的注释信息。

第 6 个字段/root:用户主目录。

第 7 个字段/bin/bash:用户所用的 Shell 类型。如果指定 Shell 为/sbin/nologin,表示该用户为虚拟用户,无法登录系统。

2. 用户密码配置文件/etc/shadow

/etc/shadow 是 Linux 操作系统的密码管理文件，包含用户密码的加密信息及其他相关安全信息，文件中每一行对应一个用户的密码信息，每行内容由 9 个字段组成，通过“:”分隔开来。只有 root 用户有读取文件内容的权限，普通用户无法访问。

```
[root@localhost ~]# cat /etc/shadow
root:$6$a/yX9o4du6MNs6P.$5Tdd4.KpGAfgL5DuoV//d/GwnPMxtLcVURF6cdulXvijFdmq0R8E8oSl0ZZIK4Df/
Y0Q30sABpoyITK56m08y0::0:99999:7:::
bin:*:17110:0:99999:7:::
daemon:*:17110:0:99999:7:::
...
```

以文件的第一行 root 的密码信息为例，介绍字段的含义。

第 1 个字段：用户名。

第 2 个字段：用户的加密密码。密码由三部分组成，用“$”分隔开来，第一部分表示所用的加密算法，$6 对应 SHA512 加密算法；第二部分是在密码中加入随机数来增强密码安全性；第三部分是用户密码加密后的密文。

第 3 个字段：最后一次修改时间。

第 4 个字段：用户可以更改密码的天数。0 表示随时可进行变更。

第 5 个字段：到期更改密码的天数。99999 表示永不过期。

第 6 个字段：密码过期警告时间。默认值是 7 天。

后三个字段分别为用户密码过期后禁用账号天数、失效时间和保留位。

3. 用户组配置文件/etc/group

对用户进行分组管理是 Linux 系统一种非常有效的管理方式，/etc/group 用于保存用户组的基本信息。文件中每行记录对应一个用户组的信息，每行由 4 个字段组成，通过“:”分隔开来。

```
[root@localhost ~]# cat /etc/group
root:x:0:
bin:x:1:
daemon:x:2:
sys:x:3:
adm:x:4:
tty:x:5:
...
```

以文件的第一行 root 组的信息为例，介绍字段的含义。

第 1 个字段 root：组的名称。

第 2 个字段 x：密码占位符。

第 3 个字段 0：组的 GID。

第 4 个字段：该组成员。

4. 用户组密码配置文件/etc/gshadow

文件包含组密码和加密信息，该文件 root 用户可访问。

```
[root@localhost ~]# cat /etc/gshadow
```

```
root:::
bin:::
daemon:::
...
```

文件中四个字段的含义分别如下。

第 1 个字段：组的名称。

第 2 个字段：用户组的口令。

第 3 个字段：组的管理员账号。

第 4 个字段：该组成员。

任务 2 熟知权限管理

学习情境 1 了解查看文件和目录权限

在 Linux 操作系统中，文件和目录是信息存储的基本机构，每一个文件或目录包含了相应的访问权限，根据赋予权限的不同，不同用户对同一文件或目录的操作也不尽相同。

1. 权限和归属的概念

(1) Linux 系统文件的权限分为以下三种类型。

① 读取：对文件而言是读取文件的内容；对目录而言是浏览目录的内容。

② 写入：对文件而言是修改文件的内容；对目录而言是删除和修改目录内的文件。

③ 执行：对文件而言是执行文件；对目录而言是用户可进入目录。

(2) 文件的归属包括所有者和所属组。

① 所有者：拥有该文件或目录的用户账号。

② 所属组：拥有该文件或目录的组账号。

2. 查看权限和归属

使用"ls -l[文件名]"命令可以查看文件的详细信息，详细信息包含了文件的类型、访问权限、所有者(属主)、所属组(属组)、占用的磁盘大小、修改时间和文件名称等信息，例如：

```
[root@localhost ~]# ls -l initial-setup-ks.cfg
-rw-r--r--. 1 root root 2020 8月  23 2019 initial-setup-ks.cfg
```

在显示的文件详细信息中，第一个符号用来表示文件的类型，在 Linux 系统中，使用不同符号表示不同的文件，如表 3-5 所示。

表 3-5 符号列表

符号	文件类型	符号	文件类型
-	普通文件	b	块设备文件
d	目录	c	字符设备文件
l	链接文件	p	管道文件

在文件类型符号之后的字段表示文件的权限，权限字段分为三个部分：第一部分表示文件所有者对文件的权限；第二部分表示文件所属组成员用户对文件的权限；第三部分表

示其他用户对文件的权限。文件权限类型如图 3-1 所示。

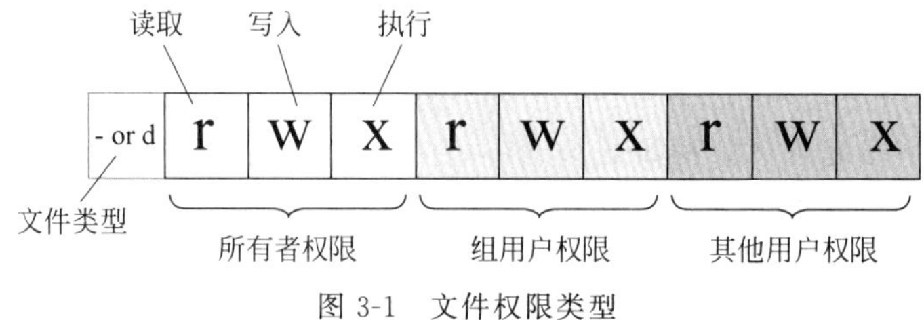

图 3-1 文件权限类型

文件的权限使用三个字符对应表示，文件的读取用 r(Read)表示，写入用 w(Write)表示，执行用 x(eXecute)表示，倘若没有某个权限，则在对应权限处用“-”代替，表示无此权限。

学习情境 2 设置文件和目录权限

1. chmod 命令设置权限

使用 chmod 命令可以设置和修改文件或目录的权限，root 用户和文件所有者可以通过数字权限法和字符权限法改变文件或目录的访问权限。

1) 数字形式的 chmod 命令

```
chmod [可选项] <mode> <file...>
```

数字形式表示权限就是将 r、w、x 权限字符分别用数字 4、2、1 表示，没有权限的位置上的“-”则用 0 表示。一个权限组合即为 3 个数字的相加，得到一个 0～7 的数字，来实现对文件或目录的权限表示，数字表示法也称为绝对权限表示法，如表 3-6 所示。

表 3-6 权限操作表

权　限	字母表示	数字表示
读＋写＋执行	rwx	7
读＋写	rw-	6
读＋执行	r-x	5
只读	r--	4
写＋执行	-wx	3
只写	-w-	2
只执行	--x	1
无	---	0

【例 3-15】 rwx 采用数字表示形式为数字 7，r-x-采用数字表示形式为 5，一个文件的权限是 rwxr-xr--，转换过来就是 754，意味着所有者的权限是 rwx，也就是 4＋2＋1＝7，用户组的权限是 r-x，也就是 4＋0＋1＝5，其他用户的权限是 r--，也就是 4＋0＋0＝4。

chmod 命令格式为：

```
chmod [选项] [文件名]
```

【例 3-16】 修改文件权限，使所有用户对 test 文件有读、写和执行权限。

```
[root@localhost ~]# chmod 777 test
```

2）字符形式的 chmod 命令

u 表示该文件的拥有者，g 表示与该文件的拥有者属于同一个组，o 表示其他用户，a 表示三者的集合。字符形式命令选项如表 3-7 所示。

表 3-7 字符形式命令选项

用户代号	用户类型	说明
u	user	文件所有者
g	group	文件所有者所在组
o	others	所有其他用户
a	all	所有用户

在用户代号的后面通过运算符和权限组合对文件权限进行设置，如表 3-8 所示。

表 3-8 组合符号

运算符	说明
+	为指定的用户类型增加权限
-	去除指定用户类型的权限
=	设置指定用户权限

【例 3-17】 修改文件权限，使组用户对 test 文件添加写权限。

```
[root@localhost ~]#chmod g+w test
```

【例 3-18】 修改文件权限，取消其他用户对 test 文件的读权限。

```
[root@localhost ~]#chmod o-r test
```

2. chown 设置归属

一般来说，文件或目录的所有者有着对文件最高的权限，根据需求也可将文件或目录的拥有权转给其他用户，可以通过 chown 命令修改文件或目录的所有者和所属组。要注意的是，需要 root 用户的权限才能执行该命令，而且文件所有者只能将所属组更改为当前用户所在的组。

命令格式：

```
chown [选项] [新用户:新用户组] [文件名或目录名]
```

常用的选项如下。

user：新的文件拥有者的使用者 ID。

group：新的文件拥有者的使用者群体(group)。

-c：若该文件拥有者确实已经更改，才显示其更改动作。

-f：若该文件拥有者无法被更改也不要显示错误信息。

-v：显示拥有者变更的详细资料。

-R：递归处理指定目录以及其子目录下的所有文件。

【例 3-19】 将 test.txt 的所有者修改成 ryan，所属组设置为 teacher 组。

```
[root@localhost ~]#chown ryan:teacher test.txt
```

【例 3-20】 将目录 dir1 的所有文件和子目录的所有者设置为 ryan，所属组设置为 teacher。

```
[root@localhost ~]#chown -R ryan:teacher dir1
```

【例 3-21】 将 test.txt 的所属组设置为 teacher。

```
[root@localhost ~]#chown :teacher test.txt
```

任务 3 特殊权限

Linux 系统中常见的权限设置读、写和执行在某些特殊应用环境中无法满足系统用户的要求。因此，Linux 系统提供了几种特殊权限来扩展用户对文件或目录的控制方式。特殊权限包括 SET 位权限和粘滞位权限。

学习情境 1 设置 SET 位权限

SET 位权限一般对可执行的文件或者目录进行设置，权限字符为 s，根据设置的权限对象不同，分为 SUID 和 SGID。

1. SUID

SUID 是一种对二进制程序进行设置的特殊权限，设置了 SUID 的程序文件，在用户执行该程序文件时，用户暂时获得该程序文件所有者的权限。例如，程序文件的所有者是 root，那么执行该程序的用户就将临时获得 root 账户的权限。

【例 3-22】 用来修改账户密码的 passwd 命令，查看其对应程序文件的属性信息。

```
[root@localhost ~]# ll /usr/bin/passwd
-rwsr-xr-x. 1 root root 27832 1月  30 2014 /usr/bin/passwd
```

该程序文件的所有者为 root，对应的权限为 rws，表示对所有者 root 进行了 SET 位权限设置，当其他用户执行 passwd 命令时，会自动以文件所有者 root 的身份去执行。当用户使用 passwd 命令进行密码设置时，这个操作将会编辑一些配置文件，如/etc/passwd，/etc/shadow，当查看这些文件的属性信息会发现，这些文档只能通过 root 用户拥有权限打开或者浏览。

```
[root@localhost ~]# ll /etc/passwd
-rw-r--r--. 1 root root 3448 6月  22 2020 /etc/passwd
[root@localhost ~]# ll /etc/shadow
----------.  1 root root 1672 6月  22 2020 /etc/shadow
```

也就是说当一个普通用户在执行 passwd 命令试图修改密码时，将会遇到权限不够被拒绝的情形，这就需要临时为该用户赋予 root 用户的权限，在执行过程中，普通用户暂时获得该文件的所有者权限，使其可以更新/etc/shadow 和其他文件。

如果文件的所有者权限由 rwx 变成了 rws，其中 x 变为 s，这就意味着该文件被赋予了 SUID 权限。

```
[root@localhost ~]# ls -l test
-rwx------ 1 root root 0 6月  7 18:51 test
[root@localhost ~]# chmod u+s test
[root@localhost ~]# ls -l test
-rws------ 1 root root 0 6月  7 18:51 test
```

如果原来的权限是 rw-,没有 x 执行权限,被赋予 SUID 权限后,rw-将变成 rws。

```
[root@localhost ~]# ls -l test
-rw------- 1 root root 0 6月  7 18:51 test
[root@localhost ~]# chmod u+s test
[root@localhost ~]# ls -l test
-rwS------ 1 root root 0 6月  7 18:51 test
```

2. SGID

SGID 与 SUID 类似,只是执行程序时获得的是文件属组的权限,对应第二组权限位。

SGID 的设置分两种情况：一种是对目录设置 SGID,则执行程序的用户获得文件所属组的权限,在该目录中创建的文件自动继承该目录的用户组；另一种是对文件设置 SGID,在执行程序时,以文件所属组成员的身份去执行。

SGID 多用于目录的权限设置,作用于目录上时,此目录下所有用户新建文件都自动继承此目录的用户组。

【例 3-23】 新建的目录 test,所有者和所属组都是 root,给目录设置 777 权限,这样使得普通用户可向其中写入文件,普通用户新建文件后,查看文件所属组名称。

```
[root@localhost ~]      # mkdir test
[root@localhost ~]      # chmod 777 test
[root@localhost home]   # ll -d test
drwxrwxrwx. 2 root root 6 3月  12 22:43 test
[Ryan@localhost test]$ touch file1
[Ryan@localhost test]$ ll -d file1
-rw-rw-r1-Ryan Ryan 0 3月  12 22:47 file1
```

普通用户在目录 test 中创建的新文件 file1 的所有者和所属组都是 Ryan,现在为 test 设置 SGID 特殊权限,再次切换到普通用户,在目录 test 中创建新文件,然后查看文件所属组名称。

```
[root@localhost ~]# chmod g+s test
[root@localhost ~]# ll -d test
drwxrwsrwx. 2 root root 19 3月  12 22:47 test
[Ryan@localhost test]$ touch file2
[Ryan@localhost test]$ ll -d file2
-rw-rw-r1-Ryan root 0 3月  12 22:49 file2
```

可以看到当目录 test 设置了 SGID 权限后,普通用户在其中新建的文件的所属组继承了目录的所属组名称。

学习情境 2 设置粘滞位权限(SBIT)

当用户对某个目录具备写入(w)权限时,便可以对目录中的文件进行删除操作,这样很容易导致其他用户的文件被误删。为了解决这一问题，可以对该目录设置 SBIT 粘滞位特殊权限。SBIT 粘滞位特殊权限使得用户可以在目录中写入和删除文件，却不能对其他用户的文件进行删除操作，起到有效的保护作用。

在 Linux 系统中，/tmp 是一个默认设置了 SBIT 粘滞位特殊权限的目录，所有用户对该目录具有写入(w)权限，即便如此，用户也不能删除该目录中其他用户的文件。查看/tmp 的属性会发现，其他用户权限处的执行(x)权限变成了 t。

```
[root@localhost ~]# ll -d /tmp
drwxrwxrwt. 58 root root 8192 6月  8 19:34 /tmp
```

当用户创建了一个开放的目录，为了能有效管理从而避免混乱，可设置 SBIT 粘滞位特殊权限。

【例 3-24】 创建一个目录，设置 SBIT 粘滞位权限，并查看该目录权限。

```
[root@localhost ~]# mkdir share
[root@localhost ~]# chmod o+t share
[root@localhost ~]# ll -d share
drwxr-xr-t 2 root root 6 6月  8 20:07 share
```

任务 4 掌握文件访问控制列表

访问控制列表是对某个指定的用户进行权限控制。

学习情境 1 设置 FACL

使用 setfacl 命令来设置 FACL。

命令格式：

```
setfacl [选项] 设定值 文件名
```

常用的选项参数有以下几个。

-m：设定或修改一个 FACL 规则。

-x：取消一个 FACL 规则。

-b：取消所有的 FACL 规则。

【例 3-25】 让普通用户 Ryan 对/home/web/index.html 拥有 rwx 权限。

设置命令为 setfacl -m u：Ryan：rwx /home/web/index.html，其中 u 为用户 user。

```
[root@localhost ~]# touch /home/test
[root@localhost ~]# ll /home/test
-rw-r--r-- 1 root root 0 7月  19 22:48 /home/test
[root@localhost ~]# setfacl -m u:Ryan:rwx /home/test
[root@localhost ~]# ll /home/test
-rw-rwxr--+ 1 root root 0 7月  19 22:48 /home/test
```

设置了 FACL 后，文件的权限除了发生相应变化外，文件权限表示部分多出一个“+”，表示该文件设置了 FACL 权限。

对同一个文件或目录，根据需求对不同用户进行不同的权限设置。

```
[root@localhost ~]# setfacl -m u:Jack:--- /home/test
```

同为系统普通用户的 Ryan 和 Jack 访问同一个文件，因为 FACL 规则不同，Ryan 可以正常读取文件，而 Jack 则提示"权限不够"。

```
[root@localhost ~]# su Ryan
[Ryan@localhost root]$ cat /home/test
...
[root@localhost ~]# su Jack
[Jack@localhost root]$ cat /home/test
cat: /home/test: 权限不够
```

如果要给组设置 FACL 权限，则将 u 换成 g(group)，在 g 的后面跟上组名以及相应的权限，格式为

```
g:用户组名:权限
[root@localhost ~]# setfacl -m g:teacher:rwx /home/test
```

学习情境 2 管理 FACL

通过 getfacl 命令显示文件/目录上设置的 ACL 信息，格式为

```
getfacl 文件/目录名称
[root@localhost ~]# getfacl /home/test
getfacl: Removing leading '/' from absolute path names
# file: home/test
# owner: root
# group: root
user::rw-
user:Ryan:rwx
user:Jack:---
group::r--
group:teacher:rwx
mask::rwx
other::r--
```

从显示的信息看，数据前面的"#"代表这个文件的默认属性，file 为文件名，owner 为文件拥有者，group 为文件所属用户组；下面的 user、group 和 other 分别对应属于不同用户和用户组的权限；mask 的含义为用户和群主拥有的最大有效权限，我们可以通过调整 mask 权限来设定文件的有效权限。

```
[root@localhost home]# ll file
-rw-r--r-- 1 root root 0 7月  24 01:45 file
[root@localhost home]# setfacl -m u:Ryan:rwx file
[root@localhost home]# setfacl -m m:r file
[root@localhost home]# getfacl file
# file: file
# owner: root
```

```
# group: root
user::rw-
user:Ryan:rwx          #effective:r--
group::r--
mask::r--
other::r--
```

对文件file设置了mask值r权限，用户Ryan的权限为rwx，但Ryan仅仅具有r为有效权限，超过mask值的wx权限做无效处理。

除了查看FACL规则，也可对已设置好的FACL规则进行删除。

【例3-26】 将用户Jack对/home/test文件的FACL规则删除。

```
[root@localhost ~]# setfacl -x u:Jack /home/test
[root@localhost ~]# getfacl /home/test
getfacl: Removing leading '/' from absolute path names
# file: home/test
# owner: root
# group: root
user::rw-
user:Ryan:rwx
group::r--
group:teacher:rwx
mask::rwx
other::r--
```

删除/home/test所有的FACL规则。

```
[root@localhost ~]# setfacl -b /home/test
[root@localhost ~]# ll /home/test
-rw-r--r-- 1 root root 0 7月  19 22:48 /home/test
[root@localhost ~]# getfacl /home/test
getfacl: Removing leading '/' from absolute path names
# file: home/test
# owner: root
# group: root
user::rw-
group::r--
other::r--
```

习　　题

一、选择题

1. Linux系统的用户密码加密后保存在(　　)。

   A. /etc/passwd　　B. /etc/shadow　　C. /dev/cdrom　　D. /etc/group

2. (　　)可以删除一个用户并同时删除用户的主目录。

   A. rmuser -r　　B. deluser -r　　C. userdel -r　　D. usermgr -r

3. 改变文件所有者的命令为(　　)。

A. chmod　　B. chown　　C. cat　　D. cd

4. 管理员 root 的 UID 是(　　)。

A. 0　　B. 1　　C. 500　　D. 1000

5. 通过(　　)命令显示文件/目录上设置的 FACL 信息。

A. setfacl　　B. getfacl　　C. lsfacl　　D. catfacl

二、填空题

1. Linux 系统中的用户可分为____________、____________、____________。

2. 添加一个用户的命令是____________。

3. Linux 系统中账户及其相关信息存放于____________文件中。

4. 某文件的权限为 drwxrw-rw-,该文件属性是____________。

5. 某文件的权限为 drwxrw-rw-,用数值形式表示该权限,则该八进制数为____________。

项 目 4

管理磁盘配置

磁盘是进行存取数据的设备，系统管理员需要对磁盘进行规划管理，合理利用磁盘空间，提高磁盘使用效率。

【知识能力培养目标】

(1) 掌握磁盘管理工具的使用方法。

(2) 掌握文件系统的挂载。

(3) 掌握软 RAID 和 LVM 逻辑卷的配置和管理。

【课程思政培养目标】

课程思政培养目标如表 4-1 所示。

表 4-1 课程思政培养目标

教学内容	思政元素切入点	育人目标
磁盘的配置管理	将磁盘规划管理切入在工作中，通过对任务进行提前分析，做好工作规划	树立学生精益求精的工匠精神，热爱本职工作，全身心投入，形成精益求精、追求极致的职业品质

任务 1 磁 盘 管 理

磁盘管理对于整个系统的性能而言有着重要意义，我们通过在虚拟机中模拟添加新的存储设备，然后进行磁盘分区、格式化、挂载检验等操作来学习磁盘管理的相关理论知识和操作。

学习情境 1 了解磁盘的添加步骤

1. 添加新磁盘

打开虚拟机，单击“编辑虚拟机设置”，如图 4-1 所示。

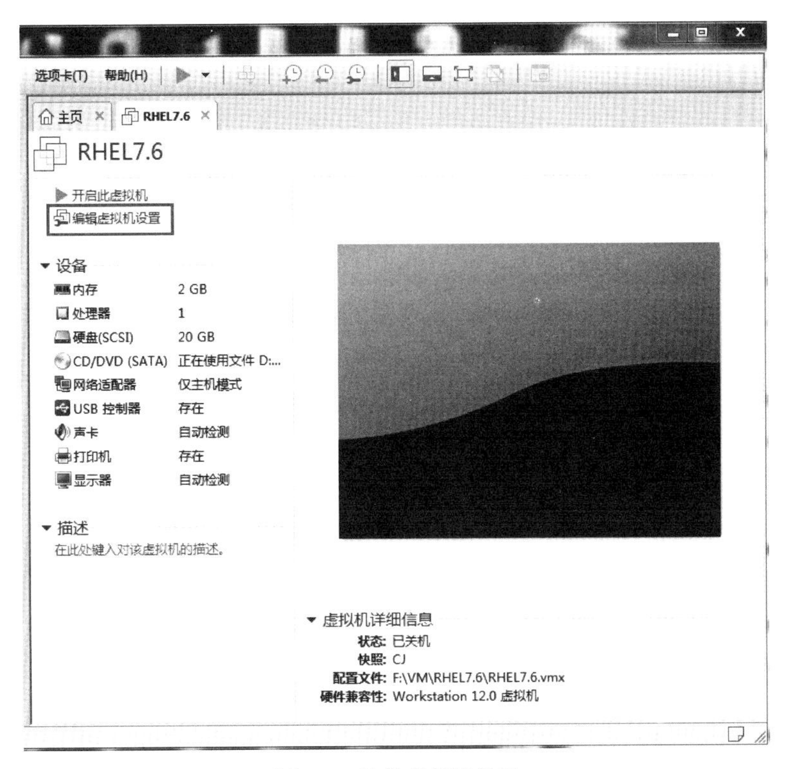

图 4-1　编辑虚拟机设置

在虚拟机设置的界面里可以看到当前设备的配置情况，单击“添加”按钮，如图 4-2 所示。

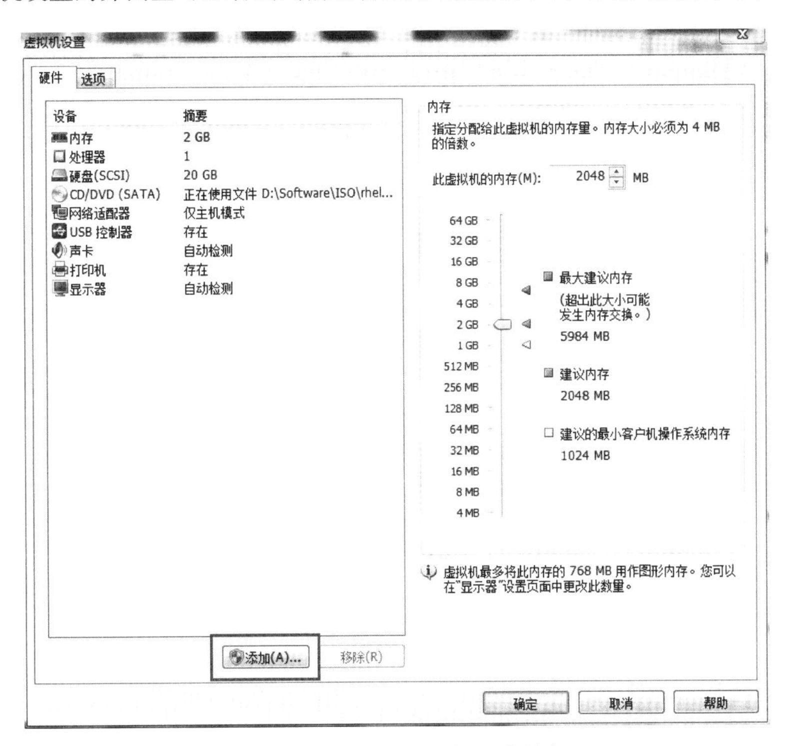

图 4-2　在虚拟机中添加硬件设备

在添加硬件向导的界面里，选择要添加的设备，我们要添加硬盘，选择硬件类型“硬盘”，如图 4-3 所示。

图 4-3　选择硬件类型

接下来选择磁盘类型，使用系统默认推荐即可，如图 4-4 所示。

图 4-4　选择磁盘类型

选择要使用哪个磁盘，对于新添加的硬盘，选择“创建新虚拟磁盘”，如图 4-5 所示。

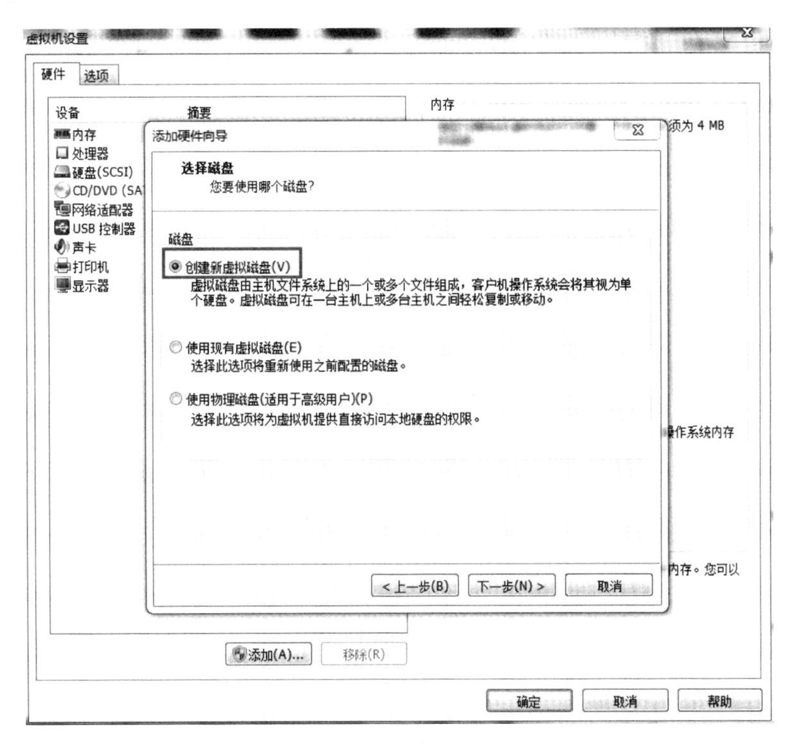

图 4-5　选择“创建新虚拟磁盘”

指定磁盘容量，设定为 20GB，如图 4-6 所示。

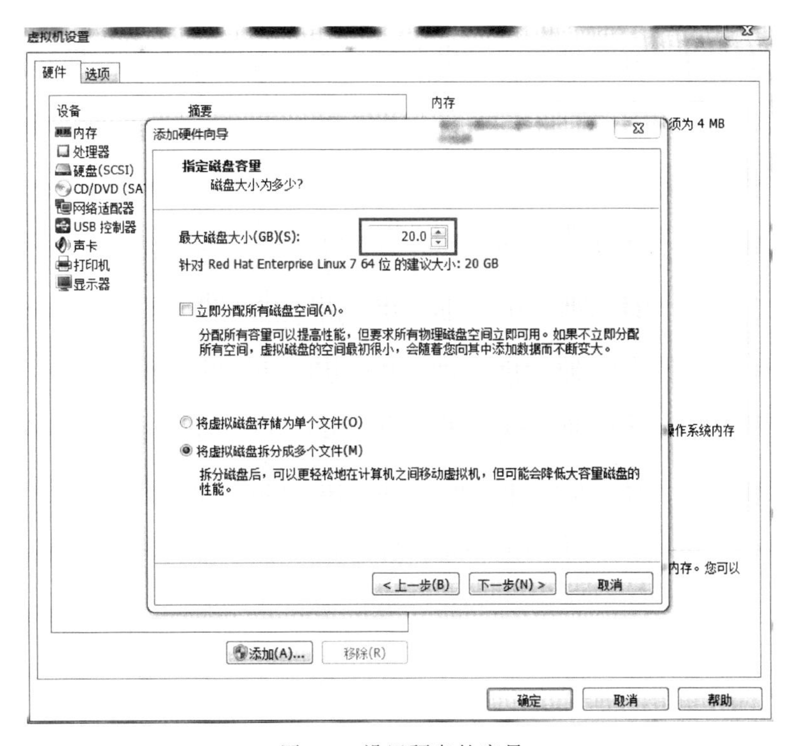

图 4-6　设置硬盘的容量

指定磁盘文件,生成后缀名为“.vmdk”的虚拟硬盘格式文件,如图4-7所示。

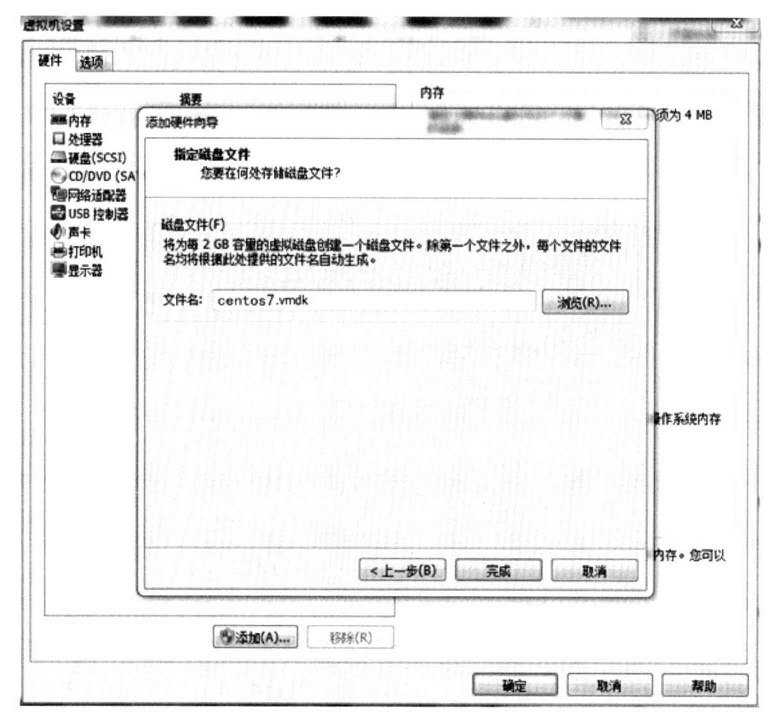

图 4-7　设置磁盘文件的文件名和保存位置

新硬盘添加完成,可在虚拟机设置界面查看到设备的相关配置情况,如图4-8所示。

图 4-8　查看虚拟机硬件设置信息

2. 查看磁盘分区信息

查看磁盘命令为：

```
[root@localhost ~]# fdisk -l
```

命令执行结果如下。

首先，显示第一块磁盘的信息如下。

```
磁盘 /dev/sda:21.5 GB, 21474836480 字节,41943040 个扇区
Units = 扇区 of 1 * 512 = 512 bytes
扇区大小(逻辑/物理):512 字节 / 512 字节
I/O 大小(最小/最佳):512 字节 / 512 字节
磁盘标签类型:dos
磁盘标识符:0x0000a17c

设备 Boot      Start       End         Blocks      Id     System
/dev/sda1 *    2048        2099199     1048576     83     Linux
/dev/sda2      2099200     41943039    19921920    8e     Linux LVM
```

然后，显示第二块磁盘的信息如下。

```
磁盘 /dev/sdb:21.5 GB, 21474836480 字节,41943040 个扇区
Units = 扇区 of 1 * 512 = 512 bytes
扇区大小(逻辑/物理):512 字节 / 512 字节
I/O 大小(最小/最佳):512 字节 / 512 字节
```

最后，显示第三块磁盘的信息如下。

```
磁盘 /dev/mapper/rhel-root:18.2 GB, 18249416704 字节,35643392 个扇区
Units = 扇区 of 1 * 512 = 512 bytes
扇区大小(逻辑/物理):512 字节 / 512 字节
I/O 大小(最小/最佳):512 字节 / 512 字节
磁盘 /dev/mapper/rhel-swap:2147 MB, 2147483648 字节,4194304 个扇区
Units = 扇区 of 1 * 512 = 512 Byte
扇区大小(逻辑/物理):512 字节 / 512 字节
I/O 大小(最小/最佳):512 字节 / 512 字节
```

学习情境 2　掌握磁盘的分区技术

1. fdisk 命令

管理磁盘最常用的命令为 fdisk，fdisk 是一个创建和维护分区表的程序，它兼容 DOS 类型的分区表、BSD 或者 SUN 类型的磁盘列表。fdisk 命令的功能非常强大，在交互操作方式下可实现添加、删除、转换分区等磁盘管理操作。

fdisk 命令格式：

```
fdisk [参数]
```

fdisk 命令的参数及说明如表 4-2 所示。

表 4-2 fdisk 命令参数及说明

参数	说　明	参数	说　明
m	显示菜单和帮助信息	t	设置分区号
a	活动分区标记/引导分区	p	显示分区信息
d	删除分区	w	保存并退出
l	显示分区类型	q	不保存退出
n	新建分区		

执行 fdisk 命令将对/dev/sdb 进行交互式分区管理。在交互操作界面的命令提示符后，用户可输入相应的磁盘管理命令，完成各项分区管理任务。

输入命令[root@localhost ～]# fdisk /dev/sdb 后，屏幕显示信息如图 4-9 所示。

```
欢迎使用 fdisk (util-linux 2.23.2)。

更改将停留在内存中，直到您决定将更改写入磁盘。

使用写入命令前请三思。

Device does not contain a recognized partition table

使用磁盘标识符 0x028355cb 创建新的 DOS 磁盘标签。

命令(输入 m 获取帮助):
```

图 4-9 fdisk/dev/sdb 命令执行结果

2. 查看当前分区信息

在命令提示信息后输入参数 p，则可查看当前分区信息。

```
命令(输入 m 获取帮助):p
```

屏幕显示信息如图 4-10 所示。

```
磁盘 /dev/sdb: 21.5 GB, 21474836480 字节, 41943040 个扇区

Units = 扇区 of 1 * 512 = 512 Byte

扇区大小(逻辑/物理): 512 字节 / 512 字节

I/O 大小(最小/最佳): 512 字节 / 512 字节

磁盘标签类型: dos

磁盘标识符: 0x028355cb

   设备 Boot      Start         End      Blocks   Id  System
```

图 4-10 命令 p 执行结果

3. 创建分区

在命令提示信息后输入参数 n,创建一个新的分区。

```
命令(输入 m 获取帮助): n
```

屏幕显示信息如图 4-11 所示。

```
Partition type:
   p   primary (0 primary, 0 extended, 4 free)
   e   extended
Select (default p): p
分区号 (1-4, 默认 1): 1
起始 扇区 (2048-41943039, 默认为 2048):
将使用默认值 2048
Last 扇区, +扇区 or +size{K,M,G} (2048-41943039, 默认为 41943039): +5G
分区 1 已设置为 Linux 类型, 大小设为 5 GiB
```

图 4-11 创建分区屏幕信息

创建分区后,系统提示选择分区的类型,输入参数 p 创建主分区,输入参数 e 创建扩展分区。这里输入参数 p 创建主分区。之后选择分区号,分区序号的范围为 1～4,输入默认的 1 后按回车键。接下来选择起始扇区,直接按回车键使用默认设置即可,分区起始位置由系统默认计算识别。最后需要定义分区的结束位置,也就是分区的大小,输入＋5G 创建一个容量为 5GB 的硬盘分区。

4. 创建逻辑分区

创建分区完成后,要将扩展分区转换为逻辑分区才可进行使用。

```
命令(输入 m 获取帮助): n
```

屏幕显示信息如图 4-12 所示。

在创建逻辑分区之前,首先需要创建扩展分区,选择分区类型时输入 e,然后指定分区编号,再确定起始和结束扇区采用默认值,直接按回车键,将剩余空间分配给扩展分区。

创建好扩展分区后,然后创建逻辑分区,再次输入参数 n 后,分区类型的选择分别为 p(主分区)和 l(逻辑分区)。

新创建的逻辑分区编号自动从 5 开始,大小为 10GB,再次创建新的逻辑分区,自动编号为 6,将剩余空间全部分给第二个逻辑分区,大小为 5GB。

5. 再次查看分区情况

创建好分区后,可再次输入参数 p,查看分区情况。

```
命令(输入 m 获取帮助): p
```

屏幕显示信息如图 4-13 所示。

```
Partition type:
   p   primary (1 primary, 0 extended, 3 free)
   e   extended
Select (default p): e
分区号 (2-4, 默认 2): 2
起始 扇区 (10487808-41943039, 默认为 10487808):
将使用默认值 10487808
Last 扇区, +扇区 or +size{K,M,G} (10487808-41943039, 默认为 41943039):
将使用默认值 41943039
分区 2 已设置为 Extended 类型, 大小设为 15 GiB
```

图 4-12 创建逻辑分区

```
磁盘 /dev/sdb: 21.5 GB, 21474836480 字节, 41943040 个扇区
Units = 扇区 of 1 * 512 = 512 Byte
扇区大小(逻辑/物理): 512 字节 / 512 字节
I/O 大小(最小/最佳): 512 字节 / 512 字节
磁盘标签类型: dos
磁盘标识符: 0x67c1c64a

   设备 Boot      Start         End      Blocks   Id  System
/dev/sdb1            2048    10487807     5242880   83  Linux
/dev/sdb2        10487808    41943039    15727616    5  Extended
/dev/sdb5        10489856    31461375    10485760   83  Linux
/dev/sdb6        31463424    41943039     5239808   83  Linux
```

图 4-13 查看分区信息

6. 退出 fdisk

查看分区的情况后,如果有误,则可输入参数 q 不保存且退出 fdisk 交互界面;确定分区无误,输入参数 w 保存并退出 fdisk 完成分区操作。

```
命令(输入 m 获取帮助): w
```

屏幕显示信息如图 4-14 所示。

```
The partition table has been altered!

Calling ioctl() to re-read partition table.

正在同步磁盘。
```

图 4-14　退出屏幕

7. 查看分区同步信息

Linux 系统会自动将分区信息同步给系统内核，执行 cat/porc/partitios 命令可查看系统内核是否能识别出新的磁盘分区，如果无法识别，则执行 partprobe/dev/sdb 命令手动将分区信息同步到内核，或者重启系统使分区生效。

```
[root@localhost ~]# cat /proc/partitions
```

屏幕显示信息如图 4-15 所示。

```
major  minor  #blocks  name

  8      0    20971520 sda

  8      1     1048576 sda1

  8      2    19921920 sda2

  8     16    20971520 sdb

  8     17     5242880 sdb1

  8     18           1 sdb2

  8     21    10485760 sdb5

  8     22     5239808 sdb6

 11      0     4391936 sr0

253      0    17821696 dm-0

253      1     2097152 dm-1
```

图 4-15　分区同步信息

学习情境 3　掌握磁盘格式化

磁盘分区创建完成后，还无法使用，需要对存储设备进行格式化操作。所谓格式化，就是将分区初始化为相应的文件系统，明确存储设备或分区上文件的数据结构。

进行格式化操作的命令是 mkfs，我们可以在输入 mkfs 后双击 Tab 键查看有哪些文件类型。

```
[root@localhost ~]# mkfs
```

下面显示出文件的类型。

```
mkfs          mkfs.ext2     mkfs.fat      mkfs.vfat
```

```
mkfs.btrfs   mkfs.ext3    mkfs.minix   mkfs.xfs
mkfs.cramfs  mkfs.ext4    mkfs.msdos
```

【例 4-1】 将/dev/sdb1 格式化为 XFS 文件系统。

```
[root@localhost ~]# file /dev/sdb1
/dev/sdb1: block special
[root@localhost ~]# mkfs
mkfs          mkfs.ext2    mkfs.fat     mkfs.vfat
mkfs.btrfs    mkfs.ext3    mkfs.minix   mkfs.xfs
mkfs.cramfs   mkfs.ext4    mkfs.msdos
[root@localhost ~]# mkfs.
mkfs.btrfs    mkfs.ext2    mkfs.ext4    mkfs.minix   mkfs.vfat
mkfs.cramfs   mkfs.ext3    mkfs.fat     mkfs.msdos   mkfs.xfs
[root@localhost ~]# mkfs.xfs /dev/sdb1
meta-data = /dev/sdb1       isize = 512     agcount = 4, agsize = 327680 blks
          =                 sectsz = 512    attr = 2, projid32bit = 1
          =                 crc = 1         finobt = 0, sparse = 0
data      =                 bsize = 4096    blocks = 1310720, imaxpct = 25
          =                 sunit = 0       swidth = 0 blks
naming    = version 2       bsize = 4096    ascii-ci = 0 ftype = 1
log       = internal log    bsize = 4096    blocks = 2560, version = 2
          =                 sectsz = 512    sunit = 0 blks, lazy-count = 1
realtime  = none            extsz = 4096    blocks = 0, rtextents = 0
```

任务 2 挂载文件系统

学习情境 1 创建文件系统

完成磁盘分区后，需要经过格式化才能使用，格式化就是在分区中创建文件系统。使用 mkfs 命令在磁盘上创建，需要注意的是，格式化会将磁盘上所有数据清除。

命令格式：

```
mkfs [选项] [参数]
```

mkfs 常用的选项参数如下。

-t：指定要创建的文件系统的类型。

-c：检查该分区是否有坏轨。

通过执行以下命令，将/dev/sdb/分区格式化为 ext4 类型。

```
[root@localhost ~]#mkfs -t ext4 /dev/sdb
```

学习情境 2 了解挂载点

Linux 系统中"一切皆文件"，所有文件都放置在以根目录为树根的树状目录结构中。在 Linux 看来，任何硬件设备也都是文件，挂载(mounting)是指由操作系统使一个存储设备(如硬盘、CD-ROM 或共享资源)上的文件和目录可供用户通过计算机的文件系统访问的过程。如果不挂载,通过 Linux 系统中的图形界面系统可以找到硬件设备,但命令行方式无法找到。

挂载点是文件系统中存在的目录,创建好挂载点后,用户通过访问这个目录实现磁盘分区数据的相关操作。

【例 4-2】 用户需要访问存储在 U 盘中的数据,首先要将 USB 挂载到系统目录树下新建一个目录/mnt/usb,当挂载点建立好后,USB 中的文件就对操作系统可见了,当用户访问/mnt/usb 目录时,系统就到 U 盘中执行相关读写操作了。

Linux 系统中自动建立的分区通常由系统完成自动挂载,而硬盘分区、光驱、U 盘等新增设备通常手动进行挂载。

1. 手动挂载

挂载使用 mount 命令完成,使一个设备挂载到一个系统上存在的目录。

通过 df 命令显示目前在 Linux 系统上的文件系统磁盘使用情况统计,通过选项"-h"(human-readable)使输出内容容易阅读和理解。

```
[root@localhost ~]# df -h
```

屏幕显示信息如图 4-16 所示。

```
文件系统                  容量   已用   可用  已用% 挂载点
/dev/mapper/rhel-root     17G   5.4G   12G   32% /
devtmpfs                 894M     0   894M    0% /dev
tmpfs                    910M     0   910M    0% /dev/shm
tmpfs                    910M   11M   900M    2% /run
tmpfs                    910M     0   910M    0% /sys/fs/cgroup
/dev/sda1               1014M  179M   836M   18% /boot
tmpfs                    182M  4.0K   182M    1% /run/user/42
tmpfs                    182M   24K   182M    1% /run/user/0
```

图 4-16　查看文件系统磁盘使用情况

【例 4-3】 挂载硬盘分区。

```
[root@localhost ~]# mkdir /hdisk
[root@localhost ~]# mount /dev/sdb5 /hdisk
```

【例 4-4】 挂载光驱,首先将虚拟机的光驱加载系统的 ISO 镜像,然后进行挂载操作。

```
[root@localhost mnt]# mkdir cdrom
[root@localhost mnt]# mount /dev/cdrom /mnt/cdrom
mount: /dev/sr0 写保护,将以只读方式挂载
```

再次使用 df 命令查看系统中已挂载的设备及使用情况,新增了两条挂载记录。

```
[root@localhost mnt]# df -h
```

```
文件系统            容量    已用    可用    已用%    挂载点
...
/dev/sr0            4.2G    4.2G    0       100%     /mnt/cdrom
/dev/sdb5           10G     33M     10G     1%       /hdisk
```

2. 自动挂载

手动挂载在系统关机或重启时就会被卸载，下一次开机后需要重新挂载，为了解决这个问题，通过将挂载信息写入/etc/fstab这个文件中，来实现开机自动挂载文件系统。Linux操作系统在开机时都会根据/etc/fstab中的配置自动挂载存储设备。

```
[root@localhost mnt]# cat /etc/fstab

#
# /etc/fstab
# Created by anaconda on Mon Jun 22 04:49:14 2020
#
# Accessible filesystems, by reference, are maintained under '/dev/disk'
# See man pages fstab(5), findfs(8), mount(8) and/or blkid(8) for more info
#
/dev/mapper/rhel-root /                                   xfs     defaults    0 0
UUID=82ca4422-d1a3-4c7a-83aa-f4fc0e4a623d /boot           xfs     defaults    0 0
/dev/mapper/rhel-swap swap                                swap    defaults    0 0
```

查看/etc/fstab文件中的内容，可以看到当前系统已经存在的挂载信息，每一行对应一个自动挂载的设备，每行包含6个字段，每个字段的含义如下。

第1个字段：设备文件名称，或者该设备的Label或者UUID。

第2个字段：设备的挂载点，一个绝对路径的目录。

第3个字段：文件系统的类型，即磁盘文件系统的格式。

第4个字段：挂载选项，通常采用defaults，满足大多数文件系统使用。

第5个字段：存储设备是否需要dump备份，0代表不做dump备份，1代表每天做dump备份，2代表不定期进行dump备份，这项通常设置为0或1。

第6个字段：系统启动时是否检验扇区，0代表不做检验，其他数字代表检验的优先级，1的优先级比2高，一般分区的优先级是1，其他分区的优先级是2。

【例4-5】 将磁盘分区/dev/sdb5自动挂载到/hdisk。

```
[root@localhost ~]# echo "/dev/sdb5 /hdisk xfs defaults 0 0" >> /etc/fstab
```

通过修改/etc/fstab文件，输入“mount -a”命令使自动挂载生效，也可重启系统后使配置生效。

学习情境3 卸载文件系统

要使文件系统从挂载点分离，使用umount命令可以卸载已挂载的文件系统。

命令格式：

```
umount [设备或挂载点]
```

【例 4-6】 卸载已经挂载的/dev/sdb5。

```
[root@localhost ~]# umount /dev/sdb5
[root@localhost ~]# umount /dev/sdb5
umount: /dev/sdb5:未挂载
```

卸载挂载文件或者卸载挂载点都能达到卸载文件系统的目的。要注意的是,如果文件系统正在使用中,使用 umount 命令则会提示"目标忙"而无法卸载文件系统。

任务3　配 置 RAID

学习情境1　了解 RAID

独立磁盘冗余阵列(redundant arrays of independent disks,RAID)有"独立磁盘构成的具有冗余能力的阵列"之意。

磁盘阵列是由很多块独立的磁盘组合成一个容量巨大的磁盘组,利用个别磁盘提供数据所产生的加成效果提升整个磁盘系统的效能。利用这项技术,将数据切割成许多区段,分别存放在各个硬盘上。

磁盘阵列还能利用同位检查(parity check)的观念,在数组中任意一个硬盘故障时,仍可读出数据,在数据重构时,将数据经计算后重新置入新硬盘中。

学习情境2　配置软 RAID

RAID 技术是将许多块硬盘设备组合成一个容量更大、更安全的硬盘组,这样可以将数据切割成多个区段后分别存放在各个不同物理硬盘设备上,然后利用分散读写需求提升硬盘组整体的性能,同时将重要数据同步保存多份到不同的物理硬盘设备上,从而起到非常好的数据备份效果。

出于对成本和技术两方面的考虑,需要针对不同的需求在数据可靠性及读写性能上做权衡,制订出各自不同的合适方案,目前已有的 RAID 硬盘组的方案至少有十几种,RAID0、RAID1、RAID5、RAID10 是较常见的方案。

注意:关于详细的 RAID 技术和原理实现方面,可查看 man md,该文档中给出了非常详细的实现方式,包括数据是如何组织的。

1. RAID0

RAID0 技术是将多块物理硬盘设备通过硬件或软件的方式串联在一起,成为一个大的卷组,有时也称它为条带卷(striping)。它将数据依次分别写入各个物理硬盘中,这样最理想的状态会使得读写性能提升数倍,但若任意一块硬盘故障则会让整个系统的数据都受到破坏。

通俗来说 RAID0 硬盘组技术至少需要两块物理硬盘设备,能够有效地提高硬盘的性能和吞吐量,但没有数据的冗余和错误修复能力。

2. RAID1

RAID0 技术虽然提高了存储设备的 I/O 读写速度,但 RAID0 中的数据是被分开存放的,也就是说其中任何一块硬盘出现问题都会破坏数据完整性。因此若要求数据安全性时就不应使用 RAID0，而是使用 RAID1。

RAID1 硬盘组技术是将两块以上的存储设备进行绑定，目的是让数据被多块硬盘同时写入，类似于把数据再制作出多份镜像，当有某一块硬盘损坏后，一般可以立即通过热交换方式恢复数据的正常使用。

RAID1 注重了数据的安全性，但因为是在多块硬盘中写入相同的数据，也就是说硬盘空间的真实可用率在理论上只有 50%（利用率是 $1/n$，n 是阵列中的磁盘数量，不分奇偶），因此会提高硬盘组的成本。另外，因为需要将数据同时写入到两块以上的硬盘设备中，这无疑也会增加一定系统负载。

注意：RAID1 因为同一份数据保存了多份，所以读性能和 RAID0 是一样的（粗略地说是一样，更细致地说，要分随机读、顺序读，这时不一定和 RAID0 一样）。

3. RAID5

实际上单从数据安全和成本问题上来讲，不可能在保持存储可用率且不增加新设备的情况下，大幅提升数据的安全性，RAID5 硬盘组技术虽然理论上是兼顾三者的，但实际上是对各个方面的互相妥协和平衡。

4. RAID10

RAID5 在成本问题和读写速度以及安全性能上进行了妥协，但绝大部分情况下，相比硬盘的价格，数据的价值才是更重要的，因此更多的是使用 RAID10，即对 RAID1＋RAID0 的一个“组合体”。

RAID10 需要至少 4 块硬盘，先分别两两制作成 RAID1，保证数据的安全性，然后再对两个 RAID1 实施 RAID0 技术，进一步地提高存储设备的读写速度，这样理论上只要坏的不是同一组中的所有硬盘，那么最多可以损坏 50%的硬盘设备而不丢失数据，因此 RAID10 硬盘组技术继承了 RAID0 更高的读写速度和 RAID1 更安全的数据保障，在不考虑成本的情况下，RAID10 在读写速度和数据保障性方面都超过了 RAID5，是较为广泛使用的存储技术。

5. 部署磁盘阵列

多磁盘管理使用 mdadm 命令，命令格式为：

```
mdadm [模式] RAID 设备名称 选项 成员设备名称
```

mdadm 命令常用选项如表 4-3 所示。

表 4-3　mdadm 命令常用选项及说明

选项	说　明	选项	说　明
-a	检测设备名称	-f	模拟设备损坏
-n	指定设备数量	-r	移除设备
-l	指定 RAID 级别	-Q	查看摘要信息
-C	创建	-D	查看详细信息
v	显示过程	-S	停止 RAID 磁盘阵列

(1) 用 mdadm 命令创建一个名称为/dev/md0 的 RAID10。

```
[root@localhost ~]# mdadm -C /dev/md0 -a yes -n 4 -l 10 /dev/sd{b,c,d,e}
```

```
mdadm: Defaulting to version 1.2 metadata
mdadm: array /dev/md0 started.
```

将创建好的磁盘阵列格式化为 xfs 格式：

```
[root@localhost ~]# mkfs -t xfs /dev/md0
meta-data =/dev/md0          isize=512      agcount=16, agsize=654720 blks
          =                  sectsz=512     attr=2, projid32bit=1
          =                  crc=1          finobt=0, sparse=0
data      =                  bsize=4096     blocks=10475520, imaxpct=25
          =                  sunit=128      swidth=256 blks
naming    =version 2         bsize=4096     ascii-ci=0 ftype=1
log       =internal log      bsize=4096     blocks=5120, version=2
          =                  sectsz=512     sunit=8 blks, lazy-count=1
realtime  =none              extsz=4096     blocks=0, rtextents=0
```

(2) 创建挂载点，挂载磁盘阵列，查看挂载的设备。

```
[root@localhost ~]# mkdir /RAID
[root@localhost ~]# mount /dev/md0 /RAID
[root@localhost ~]# df -hT
文件系统                  类型       容量   已用   可用   已用%  挂载点
/dev/mapper/centos-root  xfs         17G   5.0G   13G    29%   /
devtmpfs                 devtmpfs   473M      0  473M     0%   /dev
tmpfs                    tmpfs      489M      0  489M     0%   /dev/shm
tmpfs                    tmpfs      489M   7.1M  482M     2%   /run
tmpfs                    tmpfs      489M      0  489M     0%   /sys/fs/cgroup
/dev/sda1                xfs       1014M   162M  853M    16%   /boot
tmpfs                    tmpfs       98M    20K   98M     1%   /run/user/0
/dev/sr0                 iso9660    4.3G   4.3G     0   100%
/run/media/root/CentOS 7 x86_64
/dev/md0                 xfs         40G    33M   40G     1%   /RAID
```

(3) 查看磁盘阵列的详细信息。

```
[root@localhost ~]# mdadm -D /dev/md0
/dev/md0:
           Version : 1.2
     Creation Time : Wed Nov 10 00:58:48 2021
        Raid Level : raid10
        Array Size : 41910272 (39.97 GiB 42.92 GB)
     Used Dev Size : 20955136 (19.98 GiB 21.46 GB)
      Raid Devices : 4
     Total Devices : 4
       Persistence : Superblock is persistent
       Update Time : Wed Nov 10 01:05:08 2021
             State : active
    Active Devices : 4
   Working Devices : 4
    Failed Devices : 0
     Spare Devices : 0
```

```
             Layout : near=2
         Chunk Size : 512KB
 Consistency Policy : resync
               Name : localhost.localdomain:0 (local to host localhost.localdomain)
               UUID : 21c7103e:8025a445:f376db4c:dc793c86
             Events : 18

Number    Major    Minor    RaidDevice    State
  0         8       16          0         active sync set-A   /dev/sdb
  1         8       32          1         active sync set-B   /dev/sdc
  2         8       48          2         active sync set-A   /dev/sdd
  3         8       64          3         active sync set-B   /dev/sde
```

要使其永久生效，将挂载信息写入配置文件中。

(4) RAID 故障及修复。

```
[root@localhost ~]# mdadm /dev/md0 -f /dev/sdb
mdadm: set /dev/sdb faulty in /dev/md0
[root@localhost ~]# mdadm -D /dev/md0
/dev/md0:
            Version : 1.2
      Creation Time : Wed Nov 10 00:58:48 2021
         Raid Level : raid10
         Array Size : 41910272 (39.97 GiB 42.92 GB)
      Used Dev Size : 20955136 (19.98 GiB 21.46 GB)
       Raid Devices : 4
      Total Devices : 4
        Persistence : Superblock is persistent

        Update Time : Wed Nov 10 01:12:39 2021
              State : active, degraded
     Active Devices : 3
    Working Devices : 3
     Failed Devices : 1
      Spare Devices : 0
             Layout : near=2
         Chunk Size : 512K
 Consistency Policy : resync
               Name : localhost.localdomain:0 (local to host localhost.localdomain)
               UUID : 21c7103e:8025a445:f376db4c:dc793c86
             Events : 20

    Number   Major   Minor   RaidDevice   State
      -        0       0         0        removed
      1        8       32        1        active sync set-B   /dev/sdc
      2        8       48        2        active sync set-A   /dev/sdd
      3        8       64        3        active sync set-B   /dev/sde
      0        8       16        -        faulty              /dev/sdb
```

（5）将损坏的硬盘从阵列中移除。

```
[root@localhost ~]# mdadm /dev/md0 -r /dev/sdb
mdadm: hot removed /dev/sdb from /dev/md0
```

（6）将新的硬盘设备加入磁盘阵列中。

```
[root@localhost ~]# mdadm /dev/md0 -a /dev/sdb
mdadm: added /dev/sdb
```

查看磁盘阵列信息，可以看到数据正在重建中，待重建完成，磁盘阵列恢复正常。

```
[root@localhost ~]# mdadm -D /dev/md0
/dev/md0:
           Version : 1.2
     Creation Time : Wed Nov 10 00:58:48 2021
        Raid Level : raid10
        Array Size : 41910272 (39.97 GiB 42.92 GB)
     Used Dev Size : 20955136 (19.98 GiB 21.46 GB)
      Raid Devices : 4
     Total Devices : 4
       Persistence : Superblock is persistent
       Update Time : Wed Nov 10 01:16:52 2021
             State : active, degraded, recovering
    Active Devices : 3
   Working Devices : 4
    Failed Devices : 0
     Spare Devices : 1
            Layout : near=2
        Chunk Size : 512K
Consistency Policy : resync
    Rebuild Status : 55% complete
              Name : localhost.localdomain:0 (local to host localhost.localdomain)
              UUID : 21c7103e:8025a445:f376db4c:dc793c86
            Events : 31

    Number   Major   Minor   RaidDevice   State
       4       8       16        0        spare rebuilding    /dev/sdb
       1       8       32        1        active sync set-B   /dev/sdc
       2       8       48        2        active sync set-A   /dev/sdd
       3       8       64        3        active sync set-B   /dev/sde
```

学习情境3　配置RAID5和备份盘

RAID10磁盘阵列技术提高了读写速度，同时通过RAID0＋RAID1实现了数据的备份，但只允许损害RAID1磁盘阵列中的一块，如果磁盘阵列中的另一块磁盘也出现了故障，则数据就会丢失。鉴于存在数据丢失的风险，可通过备份的思想解决这一问题，备份盘的核心理念就是准备一块硬盘，使这块硬盘平时处于闲置状态，一旦RAID磁盘阵列中有硬盘出现故障则马上自动顶替上去。

实验开始之前，需要将之前创建的RAID10磁盘阵列卸载和停用，或者恢复虚拟机到初始状态，重新添加 4 块硬盘，其中一块作为备份硬盘，如图 4-17 所示。

图 4-17 为虚拟机添加 4 块新硬盘

创建 RAID5+备份盘。

```
[root@localhost ~]# mdadm -Cv /dev/md0 -n 3 -l 5 -x 1 /dev/sd{b,c,d,e}
mdadm: layout defaults to left-symmetric
mdadm: layout defaults to left-symmetric
mdadm: chunk size defaults to 512K
mdadm: size set to 20955136K
mdadm: Defaulting to version 1.2 metadata
mdadm: array /dev/md0 started.
```

命令中涉及多个选项和参数，-n 3 表示创建 RAID5 磁盘阵列需要的硬盘数；-l 5 表示磁盘阵列的级别；-x 1 表示有一块备份盘。

查看创建好的 RAID5 磁盘阵列的详细信息，可以看到有一块备份盘处于闲置(spare)状态。

```
[root@localhost ~]# mdadm -D /dev/md0
/dev/md0:
           Version : 1.2
     Creation Time : Wed Jan 26 07:01:15 2022
        Raid Level : raid5
        Array Size : 41910272 (39.97 GiB 42.92 GB)
     Used Dev Size : 20955136 (19.98 GiB 21.46 GB)
```

```
        Raid Devices : 3
       Total Devices : 4
         Persistence : Superblock is persistent
         Update Time : Wed Jan 26 07:03:02 2022
               State : clean
      Active Devices : 3
     Working Devices : 4
      Failed Devices : 0
       Spare Devices : 1
              Layout : left-symmetric
          Chunk Size : 512K
  Consistency Policy : resync
                Name : localhost.localdomain:0 (local to host localhost.localdomain)
                UUID : 76e5d7b8:f4852056:b41a2784:1c28de67
              Events : 18

    Number   Major   Minor   RaidDevice State
       0       8       16        0      active sync   /dev/sdb
       1       8       32        1      active sync   /dev/sdc
       4       8       48        2      active sync   /dev/sdd

       3       8       64        -      spare         /dev/sde
```

将部署好的RAID5磁盘阵列格式化为xfs文件格式，然后进行挂载即可使用。

```
[root@localhost ~]# mkfs -t xfs /dev/md0
meta-data =/dev/md0          isize=512     agcount=16, agsize=654720 blks
          =                  sectsz=512    attr=2, projid32bit=1
          =                  crc=1         finobt=0, sparse=0
data      =                  bsize=4096    blocks=10475520, imaxpct=25
          =                  sunit=128     swidth=256 blks
naming    =version 2         bsize=4096    ascii-ci=0 ftype=1
log       =internal log      bsize=4096    blocks=5120, version=2
          =                  sectsz=512    su

[root@localhost ~]# echo "/dev/md0 /RAID xfs defaults 0 0" >> /etc/fstab
[root@localhost ~]# mkdir /RAID
[root@localhost ~]# mount -a
[root@localhost ~]# df -hT |grep -v tmpfs
文件系统                   类型     容量   已用   可用   已用%   挂载点
/dev/mapper/centos-root  xfs       17G   5.0G   13G    29%    /
/dev/sda1                xfs     1014M   162M  853M    16%    /boot
/dev/sr0                 iso9660  4.3G   4.3G    0    100%
/run/media/root/CentOS 7 x86_64
/dev/md0                 xfs       40G    33M   40G     1%    /RAID
```

把盘/dev/sdb标记为故障，移出磁盘阵列，然后查看/dev/md0磁盘阵列的详细信息，此时会发现备份盘已自动顶替上去，且开始同步数据。

```
[root@localhost ~]# mdadm /dev/md0 -f /dev/sdb
mdadm: set /dev/sdb faulty in /dev/md0
```

```
[root@localhost ~]# mdadm /dev/md0 -r /dev/sdb
mdadm: hot removed /dev/sdb from /dev/md0
[root@localhost ~]# mdadm -D /dev/md0
/dev/md0:
           Version : 1.2
     Creation Time : Wed Jan 26 07:01:15 2022
        Raid Level : raid5
        Array Size : 41910272 (39.97 GiB 42.92 GB)
     Used Dev Size : 20955136 (19.98 GiB 21.46 GB)
      Raid Devices : 3
     Total Devices : 3
       Persistence : Superblock is persistent
       Update Time : Wed Jan 26 07:39:33 2022
             State : clean, degraded, recovering
    Active Devices : 2
   Working Devices : 3
    Failed Devices : 0
     Spare Devices : 1
            Layout : left-symmetric
        Chunk Size : 512K
Consistency Policy : resync
    Rebuild Status : 68% complete
              Name : localhost.localdomain:0 (local to host localhost.localdomain)
              UUID : 76e5d7b8:f4852056:b41a2784:1c28de67
            Events : 31

    Number   Major   Minor   RaidDevice   State
       3       8       64        0        spare rebuilding   /dev/sde
       1       8       32        1        active sync        /dev/sdc
       4       8       48        2        active sync        /dev/sdd
```

RAID5磁盘阵列+备份盘的技术在工作环境中非常有用,可以有效提高数据的安全性和可靠性。

任务4 LVM逻辑卷管理

学习情境1 了解LVM

LVM是逻辑盘卷管理(logical volume manager)的简称,它是Linux环境下对磁盘分区进行管理的一种机制,LVM是建立在硬盘和分区之上的一个逻辑层,用于提高磁盘分区管理的灵活性。通过LVM系统管理员可以轻松管理磁盘分区,例如,将若干个磁盘分区连接为一个整块的卷组(volume group),形成一个存储池。管理员可以在卷组上随意创建逻辑卷组(logical volumes),并进一步在逻辑卷组上创建文件系统。

在LVM中涉及的相关概念如下。

1. PV(physical volume)-物理卷

物理卷在逻辑卷管理中处于最底层,它可以是实际物理硬盘上的分区,也可以是整个物理硬盘，也可以是 RAID 设备。

2. VG(volume group)-卷组

卷组建立在物理卷之上，一个卷组中至少要包括一个物理卷，在卷组建立之后可动态添加物理卷到卷组中。一个逻辑卷管理系统工程中可以只有一个卷组，也可以拥有多个卷组。

3. LV(logical volume)-逻辑卷

逻辑卷建立在卷组之上，卷组中未分配的空间可以用于建立新的逻辑卷，逻辑卷建立后可以动态地扩展和缩小空间。系统中的多个逻辑卷可以属于同一个卷组，也可以属于不同的多个卷组。

4. PE(physical extent)-物理块

PE 是物理卷 PV 的基本划分单元，具有唯一编号的 PE 是可以被 LVM 寻址的最小单元，PE 的大小可配置，默认为 4MB。

学习情境 2　管理 LVM

1. 创建物理卷

在进行 LVM 实验操作之前，为避免被之前的实验造成干扰，建议先将虚拟机恢复还原到初始状态，另行添加两块新硬盘，如图 4-18 所示。

图 4-18　在虚拟机中添加两块新硬盘设备

先对这两块新硬盘/dev/sdb和/dev/sdc进行创建物理卷的操作，该操作使硬盘设备支持LVM技术，创建物理卷是实现LVM的第一步，使用pvcreate命令创建物理卷。

```
[root@localhost ~]# pvcreate /dev/sdb /dev/sdc
  Physical volume "/dev/sdb" successfully created.
  Physical volume "/dev/sdc" successfully created.
```

PV创建完成后，执行pvdisplay命令查看系统中所有PV的详细信息。

```
[root@localhost ~]# pvdisplay
  --- Physical volume ---
  PV Name               /dev/sda2
  VG Name               centos
  PV Size               < 19.00 GB / not usable 3.00 MB
  Allocatable           yes (but full)
  PE Size               4.00 MiB
  Total PE              4863
  Free PE               0
  Allocated PE          4863
  PV UUID               eLbeOn - yn5s - uYBi - WNLu - vXoZ - ar3n - UYZJX8

  "/dev/sdc" is a new physical volume of "20.00 GB"
  --- NEW Physical volume ---
  PV Name               /dev/sdc
  VG Name
  PV Size               20.00 GiB
  Allocatable           NO
  PE Size               0
  Total PE              0
  Free PE               0
  Allocated PE          0
  PV UUID               RGdClq - FUpZ - fkqL - 9Vsi - jk66 - JUbS - LwfLur

  "/dev/sdb" is a new physical volume of "20.00 GiB"
  --- NEW Physical volume ---
  PV Name               /dev/sdb
  VG Name
  PV Size               20.00 GiB
  Allocatable           NO
  PE Size               0
  Total PE              0
  Free PE               0
  Allocated PE          0
  PV UUID               KTeDps - fwLf - QwFq - YqqE - Kfxg - WSOR - RfLOXn
```

从显示的信息中可以看到，系统自动创建的/dev/sda2的PE的大小为4MB，新创建的两个PV中PE为0。

2. 创建卷组(VG)

使用vgcreate命令创建卷组，将两块新硬盘创建的物理卷/dev/sdb和/dev/sdc加入到卷组中，指定卷组名称为newgroup。

```
[root@localhost ~]# vgcreate newgroup /dev/sdb /dev/sdc
  Volume group "newgroup" successfully created
```

使用 vgdisplay 命令查看新建卷组 newgroup 的信息。

```
[root@localhost ~]# vgdisplay newgroup
  --- Volume group ---
  VG Name               newgroup
  System ID
  Format                lvm2
  Metadata Areas        2
  Metadata Sequence No  1
  VG Access             read/write
  VG Status             resizable
  MAX LV                0
  Cur LV                0
  Open LV               0
  Max PV                0
  Cur PV                2
  Act PV                2
  VG Size               39.99 GiB
  PE Size               4.00 MiB
  Total PE              10238
  Alloc PE / Size       0 / 0
  Free PE / Size        10238 / 39.99 GiB
  VG UUID               pwoQM4-fWiY-v7op-6fQ0-m97g-Z76t-RjDob3
```

查看卷组信息,PE 的默认大小为 4MB,若要指定 PE 的大小,可在创建卷组时通过"-s"选项进行设置。

3. 创建逻辑卷(LV)

接下来使用 lvcreate 命令创建逻辑卷。选项"-n"指定逻辑卷的名称。指定逻辑卷大小有两种方式:第一种是以容量为单位,所使用的参数为"-L",例如,使用-L 300M 生成一个大小为 300MB 的逻辑卷;第二种是以基本单元的个数为单位,所使用的参数为"-l",每个基本单元的大小默认为 4MB。例如,使用-l 50 可以生成一个大小为 50×4MB=200MB 的逻辑卷。

从 newgroup 卷组中创建名称为 newdisk、大小为 30GB 的逻辑卷。

```
[root@localhost ~]# lvcreate -n newdisk -L 30GB newgroup
  Logical volume "newdisk" created.
```

逻辑卷 newdisk 创建好后,使用 lvdisplay 查看其详细信息。

```
[root@localhost ~]# lvdisplay /dev/newgroup/newdisk
  --- Logical volume ---
  LV Path                /dev/newgroup/newdisk
  LV Name                newdisk
  VG Name                newgroup
  LV UUID                YviyXC-BDEf-4ACf-rfC2-j4VR-PXfJ-2zwRgM
  LV Write Access        read/write
  LV Creation host, time localhost.localdomain, 2021-12-07 17:55:57 +0800
```

```
LV Status              available
# open                 0
LV Size                30.00 GiB
Current LE             7680
Segments               2
Allocation             inherit
Read ahead sectors     auto
- currently set to     8192
Block device           253:2
```

4. 挂载使用逻辑卷

将创建好的逻辑卷进行格式化，然后进行挂载后即可使用。

(1) 进行格式化操作。

```
[root@localhost ~]# mkfs -t xfs /dev/newgroup/newdisk
meta-data =/dev/newgroup/newdisk  isize=512    agcount=4, agsize=1966080 blks
          =                       sectsz=512   attr=2, projid32bit=1
          =                       crc=1        finobt=0, sparse=0
data      =                       bsize=4096   blocks=7864320, imaxpct=25
          =                       sunit=0      swidth=0 blks
naming    =version 2              bsize=4096   ascii-ci=0 ftype=1
log       =internal log           bsize=4096   blocks=3840, version=2
          =                       sectsz=512   sunit=0 blks, lazy-count=1
realtime  =none                   extsz=4096   blocks=0, rtextents=0
```

(2) 创建挂载点，将逻辑卷挂载，并修改配置文件/etc/fstab，实现永久挂载。

```
[root@localhost ~]# mkdir /mnt/newdisk
[root@localhost ~]# mount /dev/newgroup/newdisk /mnt/newdisk
[root@localhost ~]# echo "/dev/newgroup/newdisk /mnt/newdisk xfs defaults 0 0">> /
etc/fstab
```

(3) 查看已挂载的分区信息。

```
[root@localhost ~]# df -hT | grep -v tmpfs
文件系统                        类型    容量    已用    可用    已用%   挂载点
/dev/mapper/centos-root         xfs     17G     5.0G    13G     29%     /
/dev/sda1                       xfs     1014M   162M    853M    16%     /boot
/dev/mapper/newgroup-newdisk    xfs     30G     33M     30G     1%      /mnt/newdisk
```

5. 扩容逻辑卷

在本次实验中，创建的卷组是由两块硬盘设备共同组成的。用户在使用存储设备时感知不到设备底层的架构和布局，更不用关心底层是由多少块硬盘组成的，只要卷组中有足够的资源，就可以一直为逻辑卷扩容。

在扩容之前，先将设备从挂载点卸载。

```
[root@localhost ~]# umount /mnt/newdisk
```

扩容逻辑卷使用 lvextend 命令，加上“-L”选项指定要扩展的空间大小。例如，将之前的逻辑卷 newdisk 扩展至 35GB。

```
[root@localhost ~]# lvextend -L +5GB /dev/newgroup/newdisk
  Size of logical volume newgroup/newdisk changed from 30.00 GB (7680 extents) to 35.00 GB
(8960 extents).
  Logical volume newgroup/newdisk successfully resized.
```

这里需要注意的是选项"-L"的使用,"-L +5GB"表示空间扩容5GB,而"-L 5GB"表示空间扩容至5GB。

对逻辑卷进行了扩容操作,系统尚未同步这部分修改的信息,需要进行手动更新。使用xfs_growfs命令更新文件系统的大小,这样才使得逻辑卷的容量发生改变。

```
[root@localhost ~]# xfs_growfs /dev/newgroup/newdisk
meta-data =/dev/mapper/newgroup-newdisk isize=512    agcount=4, agsize=1966080 blks
         =                              sectsz=512   attr=2, projid32bit=1
         =                              crc=1        finobt=0 spinodes=0
data     =                              bsize=4096   blocks=7864320, imaxpct=25
         =                              sunit=0      swidth=0 blks
naming   =version 2                     bsize=4096   ascii-ci=0 ftype=1
log      =internal                      bsize=4096   blocks=3840, version=2
         =                              sectsz=512   sunit=0 blks, lazy-count=1
realtime =none                          extsz=4096   blocks=0, rtextents=0
data blocks changed from 7864320 to 9175040
```

重新挂载硬盘设备后查看文件系统的空间大小,已由30GB变成35GB,扩容操作完成。

```
[root@localhost ~]# mount /dev/newgroup/newdisk /mnt/newdisk
[root@localhost ~]# df -hT | grep newdisk
/dev/mapper/newgroup-newdisk xfs      35G    33M    35G    1% /mnt/newdisk
```

6. 删除逻辑卷

当用户想要重新部署LVM或者不再需要使用LVM时,可通过命令对LVM执行删除操作。首先提前备份好重要的数据信息,然后依次卸载文件系统、删除逻辑卷、删除卷组、删除物理卷设备,删除顺序和创建顺序相反。

卸载文件系统,并将配置文件/etc/fstab中永久生效的相关内容进行删除。

```
[root@localhost ~]# umount /mnt/newdisk
[root@localhost ~]# vim /etc/fstab
dev/newgroup/newdisk /mnt/newdisk xfs defaults 0 0
```

删除逻辑卷,需要人机交互输入y来确认操作。

```
[root@localhost ~]# lvremove /dev/newgroup/newdisk
Do you really want to remove active logical volume newgroup/newdisk? [y/n]: y
  Logical volume "newdisk" successfully removed
```

删除卷组,这里只写卷组名称即可,无须设备的绝对路径。

```
[root@localhost ~]# vgremove newgroup
  Volume group "newgroup" successfully removed
```

最后删除物理卷。

```
[root@localhost ~]# pvremove /dev/sdb /dev/sdc
  Labels on physical volume "/dev/sdb" successfully wiped.
  Labels on physical volume "/dev/sdc" successfully wiped.
```

在上述操作执行完毕之后，再分别执行 lvdisplay、vgdisplay、pvdisplay 命令查看 LVM 的信息时就不会再看到相关信息了。

习　题

一、选择题

1. 在 Linux 系统中，创建和维护分区表使用(　　)命令。

   A. format　　B. fdisk　　C. mkfs　　D. mount

2. 在一个新分区上建立文件系统使用(　　)命令。

   A. format　　B. fdisk　　C. mkfs　　D. mount

3. 通过(　　)命令显示目前在 Linux 系统上的文件系统磁盘使用情况统计。

   A. fdisk　　B. df　　C. dd　　D. du

4. 创建卷组使用(　　)命令。

   A. pvcreate　　B. vgcreate　　C. lvcreate　　D. touch

二、填空题

1. 通过将挂载信息写入____________这个文件中，就可以实现开机自动挂载文件系统。

2. 创建物理卷是实现 LVM 的第一步，使用____________命令创建物理卷。

3. 使用____________命令可以卸载已挂载的文件系统。

项目 5

认识服务与进程

Linux 系统启动运行后，系统的管理由若干服务和进程完成，对系统中服务和进程的有效管理可提高系统的作业效率。

【知识能力培养目标】

(1) 了解 Linux 操作系统的启动过程。

(2) 了解服务的概念，掌握服务管理命令。

(3) 了解进程的概念，掌握进程管理命令。

【课程思政培养目标】

课程思政培养目标如表 5-1 所示。

表 5-1 课程思政培养目标

教学内容	思政元素切入点	育人目标
管理 Linux 系统中的服务	通过对服务与进程管理的讲解，介绍如何高效管理系统的方法，切入提高学习和工作的效率的方法是不断地改革创新，从而引领科技潮流	培养学生的创新思维，提高学生的创新能力，弘扬时代精神
Linux 系统与进程	可将 Linux 系统的运行视为若干进程的集合。进程数量越多、功能越强，Linux 系统的功能也越强。 俗话说：国富民强，指的是国家富有了，民众就有了好的生活。换言之，国家是由小家组成的，小家又是由个人组成的。只有每个家庭的成员都强大了，家庭才能强大，国家也就强大了	培养学生树立正确的世界观、人生观和价值观，使学生意识到要学好本领，做一个对家庭、对社会、对国家有用的人

任务 1　熟知系统启动与配置

学习情境 1　了解系统的启动过程

系统加电后，加载 BIOS 的硬件信息进行自检，BIOS 找到启动设备并读取 MBR 的启动引导程序，进入 Boot Loader，加载系统内核，启动初始化进程，Linux 7 操作系统采用 systemed 初始化进程服务代替了之前版本采用的 System V init，当内核检测硬件与加载驱动程序完成后，Linux 系统的启动就完成了。

学习情境 2　了解 systemd 初始化进程

初始化进程是 Linux 系统从开机到提供服务的第一个进程，完成系统的初始化操作，启动并管理各项服务，搭建好可供用户使用的工作环境。

systemd 就是 Linux 操作系统的初始化进程，进程的 PID 为 1，systemd 进程启动后陆续生成其他子进程，因此，systemd 进程是整个 Linux 操作系统所有进程的根基。

早期的 Linux 操作系统版本采用 System V init 作为解决方案，依靠划分不同的运行级别，启动不同的服务集，服务依靠脚本控制，并且是顺序执行的，服务之间依次排队，效率较低。systemd 初始化进程采用并发启动机制，操作系统并发处理多个任务，服务之间不用相互排队等待，加快了系统启动速度。

Linux 操作系统在启动之初进行大量初始化工作，systemd 把各类进程服务视为一个个单元(unit)，每一个单元都有一个对应的配置文件，这些配置文件存放在/etc/systemd/system 和/usr/lib/systemd/system 目录中。

systemd 用目标(target)代替了 System V init 的运行级别(runlevel)，常用于默认操作环境的 target 一般为 graphical. target 和 multi-user. target，如表 5-2 所示。

可以通过下面的方式查看两者的对应关系：

```
[root@localhost ~]# ll -d /usr/lib/systemd/system/runlevel*.target |cut -c 40-
/usr/lib/systemd/system/runlevel0.target -> poweroff.target
/usr/lib/systemd/system/runlevel1.target -> rescue.target
/usr/lib/systemd/system/runlevel2.target -> multi-user.target
/usr/lib/systemd/system/runlevel3.target -> multi-user.target
/usr/lib/systemd/system/runlevel4.target -> multi-user.target
/usr/lib/systemd/system/runlevel5.target -> graphical.target
/usr/lib/systemd/system/runlevel6.target -> reboot.target
```

表 5-2　systemd 与 System V init 的区别及说明

System V	systemd	说　明
init 0	poweroff. target	关机
init 1	rescue. target	单用户模式
init 2	multi-user. target	等同于级别 3
init 3	multi-user. target	多用户文本界面
init 4	multi-user. target	等同于级别 3
init 5	graphical. target	多用户图形界面
init 6	reboot. target	重启

系统在选择了相应的 target 后，启动时就会进入相应的系统界面，并运行相应的服务。

通过 systemctl get-default 命令查看系统默认的运行级别：

```
[root@localhost ~]# systemctl get-default
```

```
graphical.target
```

当前操作系统的默认目标为多用户图形界面，也可通过命令临时切换系统的运行级别：

```
[root@localhost ~]# systemctl isolate multi-user.target
```

此时系统变为多用户的字符界面，但这种变化只是临时生效，如果要修改操作系统的默认操作界面，可以通过以下两种方式实现。

(1) 可通过配置/etc/systemd/system/default.target 文件来修改操作系统的默认操作界面。查看/etc/systemd/system/default.target 文件属性，该文件链接指向/lib/systemd/system/graphical.target，系统当前的目标为 graphical.target。

```
[root@localhost ~]# ll /etc/systemd/system/default.target
lrwxrwxrwx. 1 root root 36 8 月 23 2019 /etc/systemd/system/default.target -> /lib/systemd/
system/graphical.target
```

修改/etc/systemd/system/default.target 指向不同的目标文件，方法是删除原来的超链接文件，然后建立新的超链接文件指向新的目标(target)。

```
[root@localhost ~]# rm -rf /etc/systemd/system/default.target
[root@localhost ~]# ln -s /lib/systemd/system/multi-user.target /etc/systemd/system/
default.target
```

(2) 可使用 systemctl 命令修改系统运行级别来达到修改操作系统的默认操作界面。

```
[root@localhost ~]# systemctl set-default multi-user.target
Removed symlink /etc/systemd/system/default.target.
Created symlink from /etc/systemd/system/default.target to /usr/lib/systemd/system/multi-
user.target.
```

重启操作系统，完成默认运行级别的切换配置。

```
[root@localhost ~]#reboot
```

systemd 兼容了 system V 运行级别的概念，Linux 7.x 操作系统支持 init 命令。

也可以通过 runlevel 命令查看系统当前所处的运行级别：

```
[root@localhost ~]# runlevel
N 5
```

执行 runlevel 命令的结果中 N 表示之前未切换过运行级别，5 表示系统当前运行级别为 5。

使用 init 命令可以切换系统的运行级别，例如，使用 init 命令将系统从其他界面切换至图形界面：

```
[root@localhost ~]#init 3
[root@localhost ~]# runlevel
5 3
```

需要注意的是系统的运行级别不要设置为 0 或者 6，否则系统无法正常启动，一般情况下设置为 3 或 5。因为设置成多用户图形界面相对更为消耗系统资源，而多数情况下用于将服务器操作系统设置成多用户字符界面更为常见。

任务2 熟知服务管理技术

学习情境1 了解服务的概念

服务是在操作系统后台运行的一个或者多个应用程序，它是为计算机系统或用户提供各种功能的程序。服务运行在系统后台等待用户的调用，用户通过命令对服务进行管理，实现服务的启动、停止、重启等操作。

学习情境2 systemctl 命令

在 Linux7.x 操作系统中，通过 systemctl 工具管理服务。systemctl 是 systemd 中用于管理系统和服务的命令，将 service 和 chkconfig 等命令的功能组合在一起，功能非常强大，命令格式为

```
systemctl [选项] [服务名]
```

systemctl 命令常用选项及说明如表 5-3 所示。

表 5-3 systemctl 命令常用选项及说明

选　项	说　　明
start	启动服务
stop	停止服务
restart	重新启动服务
status	查看服务运行状态
reload	重新加载服务
enable	开机启动服务
disable	禁止开机启动服务
list-units	查看系统中所有正在运行的服务
list-unit-files	查看系统中所有服务的开机启动状态

1. 启动 httpd 服务

```
[root@localhost ~]# systemctl start httpd.service
```

2. 停止 httpd 服务

```
[root@localhost ~]# systemctl stop httpd.service
```

3. 重新启动 httpd 服务

```
[root@localhost ~]# systemctl restart httpd.service
```

4. 查看 httpd 服务当前状态

```
[root@localhost ~]# systemctl status httpd.service
```

屏幕显示信息如图 5-1 所示。

```
     httpd.service - The Apache HTTP Server
      Loaded: loaded (/usr/lib/systemd/system/httpd.service; disabled; vendor
preset: disabled)
      Active: active (running) since 三 2021-09-22 15:47:58 CST; 42s ago
        Docs: man:httpd(8)
              man:apachectl(8)
    Main PID: 8501 (httpd)
      Status: "Total requests: 0; Current requests/sec: 0; Current traffic:
0 B/sec"
      CGroup: /system.slice/httpd.service
              ├─8501 /usr/sbin/httpd -DFOREGROUND
              ├─8502 /usr/libexec/nss_pcache 393218 off
              ├─8503 /usr/sbin/httpd -DFOREGROUND
              ├─8504 /usr/sbin/httpd -DFOREGROUND
              ├─8505 /usr/sbin/httpd -DFOREGROUND
              ├─8506 /usr/sbin/httpd -DFOREGROUND
              └─8507 /usr/sbin/httpd -DFOREGROUND
   9月 22 15:47:57 localhost.localdomain systemd[1]: Starting The Apache HTTP
Server...
   9月 22 15:47:58 localhost.localdomain httpd[8501]: AH00558: httpd: Could
not relia...e
   9月 22 15:47:58 localhost.localdomain systemd[1]: Started The Apache HTTP
Server.
   Hint: Some lines were ellipsized, use -l to show in full.
```

图 5-1　查看 httpd 服务的当前状态

5. 设置 httpd 服务开机自启动

```
[root@localhost ~]# systemctl enable httpd.service
```

6. 查看已启动的服务

```
[root@localhost ~]# systemctl list-units --type service
```

屏幕显示信息如图 5-2 所示。

```
      UNIT                             LOAD   ACTIVE SUB     DESCRIPTION
      abrt-ccpp.service                loaded active exited  Install ABRT
coredump hook
      abrt-oops.service                loaded active running ABRT kernel log
watcher
      abrt-xorg.service                loaded active running ABRT Xorg log
watcher
      abrtd.service                    loaded active running ABRT Automated Bug
Reporting To
      accounts-daemon.service          loaded active running Accounts Service
      alsa-state.service               loaded active running Manage Sound Card
State (restor
      atd.service                      loaded active running Job spooling tools
      auditd.service                   loaded active running Security Auditing
Service
      avahi-daemon.service             loaded active running Avahi mDNS/DNS-SD
Stack
      blk-availability.service         loaded active exited  Availability of
block devices
      bluetooth.service                loaded active running Bluetooth service
    ……
```

图 5-2　查看已启动的服务

任务3 掌握进程管理技术

学习情境1 了解进程的概念

进程是正在执行的程序的实例，是操作系统分配系统资源的基本单位。Linux 多任务的操作系统会同时运行很多程序，每一个运行着的程序对应着一个或多个进程。

在 Linux 系统里，每个进程都会分配一个进程编号 PID，系统通过 PID 识别和调度进程。每个进程都可以创建一个子进程，一个父进程可以复制多个子进程。

1. 进程的状态

运行态：running，进程正在被处理器执行的状态。

就绪态：ready，处理器被占用，进程具备运行条件等待执行的状态。

睡眠态：分为可中断(interruptable)睡眠和不可中断(uninterruptable)睡眠。不可中断睡眠一般是由于进程在等待 I/O 处理。

停止态：stopped，进程处于内存中停止的状态，不会占用处理器资源，等待接受处理。

僵死态：zombie，进程已停止运行，但其父进程尚未释放系统资源，造成类似于"卡死"的状态。

2. 进程间状态转换

运行态→等待态：往往是由于等待外设、等待主存等资源分配或等待人工干预而引起的。

等待态→就绪态：等待的条件已满足，只需要分配到处理器后就能运行。

运行态→就绪态：不是由于自身原因，而是由外界原因使运行状态的进程让出处理器，这时候就变成就绪态。例如时间片用完或有更高优先级的进程来抢占处理器等。

就绪态→运行态：系统按某种策略选中就绪队列中的一个进程占用处理器，此时就变成了运行态。

3. 进程的分类

根据功能和运行程序的不同，进程分为系统进程和用户进程。

(1) 系统进程：负责执行系统资源分配和管理工作的进程，不受用户的干预。

(2) 用户进程：执行应用程序、用户程序或是内核之外的系统程序产生的进程，用户可对其进行运行或者关闭的控制。

对于用户而言，进程分为交互进程和守护进程两类。

(1) 交互进程：由一个 Shell 启动的进程。交互进程既可以在前台运行，也可以在后台运行。

(2) 守护进程：Linux 系统启动后运行各种服务产生的进程，一般在系统后台运行。例如，httpd 是 Apache 服务器的守护进程，无论是否有用户请求服务，该进程始终处于运行状态。

学习情境2 了解进程启动过程

执行某个程序或在 Shell 命令行中输入并执行某条命令，就会启动一个或多个进程。

Linux系统中每个新进程都由已运行的进程创建。执行创建的进程称为父进程，被创建的进程称为子进程。父进程和子进程之间的关系是管理和被管理的关系。systemd是系统启动的第一个进程，系统中的其他进程都是systemd的子进程。

在平时的操作中，我们所启动的进程属于前台进程，例如，执行ls命令就启动了一个在前台运行的进程，前台进程会将执行过程中产生的相关信息显示在终端上，在进程执行过程中占据当前终端，此时该进程的父进程(Shell进程)处于睡眠状态，直到该进程运行结束，终端的控制权才交还给父进程，所以进程没有结束时，用户不能在终端中输入命令进行其他操作。

有的命令从开始执行到显示结果耗时较长，若在前台执行则会影响工作效率，用户可将耗时较长的命令放到后台运行，在命令的最后加上“&”即可实现后台启动进程，则当前终端不被该进程占据，执行结果也不在屏幕上显示。

学习情境3 掌握查看进程命令

学会使用进程管理类命令，对进程进行各种显示和设置，从不同角度获取进程的相关信息。

1. ps

查看系统进程统计信息。使用ps命令了解进程的运行情况，便于对进程的监测和控制。

命令格式：

```
ps [选项]
```

ps命令常用选项及说明如表5-4所示。

表5-4 ps命令常用选项及说明

选项	说明
a	显示所有进程
-a	显示同一终端下的所有程序
-A	显示所有进程
c	显示进程的真实名称
-N	反向选择
e	显示环境变量
f	显示程序间的关系
-H	显示树状结构
r	显示当前终端的进程
T	显示当前终端的所有程序
u	指定用户的所有进程
-au	显示较详细的信息
aux	显示所有包含其他使用者的进程

【例5-1】 查看root进程用户信息。

```
[root@localhost ~]# ps -u root
```

命令回显信息如图 5-3 所示。

```
PID TTY          TIME CMD
      1 ?        00:00:13 systemd
      2 ?        00:00:00 kthreadd
      3 ?        00:00:02 ksoftirqd/0
      5 ?        00:00:00 kworker/0:0H
      7 ?        00:00:00 migration/0
      8 ?        00:00:00 rcu_bh
      9 ?        00:00:04 rcu_sched
     10 ?        00:00:00 watchdog/0
     12 ?        00:00:00 kdevtmpfs
     13 ?        00:00:00 netns
     14 ?        00:00:00 khungtaskd
15 ?        00:00:00 writeback
...
```

图 5-3　查看 root 进程用户信息

【例 5-2】 查看所有进程。

```
[root@localhost ~]# ps -ax
```

命令回显信息如图 5-4 所示。

```
    PID TTY      STAT   TIME COMMAND
      1 ?        Ss     0:13 /usr/lib/systemd/systemd --switched-root --
system
      2 ?        S      0:00 [kthreadd]
      3 ?        S      0:02 [ksoftirqd/0]
      5 ?        S<     0:00 [kworker/0:0H]
      7 ?        S      0:00 [migration/0]
      8 ?        S      0:00 [rcu_bh]
      9 ?        R      0:04 [rcu_sched]
     10 ?        S      0:00 [watchdog/0]
     12 ?        S      0:00 [kdevtmpfs]
     13 ?        S<     0:00 [netns]
     14 ?        S      0:00 [khungtaskd]
 15 ?        S<     0:00 [writeback]
 ...
```

图 5-4　查看所有进程

【例 5-3】 查看系统中所有进程的详细信息，信息中各项的含义如表 5-5 所示。

```
[root@localhost ~]# ps aux
```

表 5-5 信息中各项的含义

参　数	说　明
USER	进程的所有者
PID	进程的 ID，唯一的标识
%CPU	进程的 CPU 占用率
%MEM	进程的内存占用率
VSZ	进程占用的虚拟内存
RSS	进程常驻内存的大小
TTY	启动进程的终端，"?"表示进程由系统内核启动
STAT	进程的状态
START	进程的开始时间
TIME	进程启动后占用 CPU 的时间
COMMAND	启动进程的命令名称

命令回显信息如图 5-5 所示。

```
    USER        PID %CPU %MEM    VSZ   RSS TTY      STAT START   TIME COMMAND
    root          1  0.0  0.5 144556  5248 ?        Ss   10月11   0:13
/usr/lib/systemd/systemd --switched-root --system --deserialize 21
    root          2  0.0  0.0      0     0 ?        S    10月11   0:00
[kthreadd]
    root          3  0.0  0.0      0     0 ?        S    10月11   0:02
[ksoftirqd/0]
    root          5  0.0  0.0      0     0 ?        S<   10月11   0:00
[kworker/0:0H]
    root          7  0.0  0.0      0     0 ?        S    10月11   0:00
[migration/0]
    root          8  0.0  0.0      0     0 ?        S    10月11   0:00 [rcu_bh]
    root          9  0.0  0.0      0     0 ?        R    10月11   0:04
[rcu_sched]
    root         10  0.0  0.0      0     0 ?        S    10月11   0:00
[watchdog/0]
    root         12  0.0  0.0      0     0 ?        S    10月11   0:00
[kdevtmpfs]
    root         13  0.0  0.0      0     0 ?        S<   10月11   0:00 [netns]
    root         14  0.0  0.0      0     0 ?        S    10月11   0:00
[khungtaskd]
    root         15  0.0  0.0      0     0 ?        S<   10月11   0:00
[writeback]
    ...
```

图 5-5 查看系统中所有进程的详细信息

通过命令 ps aux 查看系统所有进程的信息显示内容较多,不便于查看,可结合命令 more 和 less 进行使用。

【例 5-4】

```
[root@localhost ~]# ps aux |less
```

也可以结合命令 grep 进行使用,查看具体服务名的相关进程。

【例 5-5】

```
[root@localhost ~]# ps aux |grep sshd
root      1105  0.0  0.2 105996    2420 ?        Ss    18:37    0:00 /usr/sbin/sshd -D
root      3727  0.0  0.0 112676    980 pts/0     R+    19:42    0:00 grep --color=auto sshd
```

显示结果中有两条记录,第一条为 sshd 的相关进程,第二条为执行 grep 命令产生的进程。

2. top

top 命令是 Linux 下常用的性能分析工具,能够实时显示系统中各个进程的资源占用状况,类似于 Windows 的任务管理器。系统管理员可以使用这个命令监视系统中的进程是否正常工作。

```
[root@localhost ~]# top

top - 18:42:17 up 5 min,  2 users,  load average: 1.01, 0.84, 0.40
Tasks: 189 total,   2 running, 187 sleeping,   0 stopped,   0 zombie
%Cpu(s):  2.4 us,  0.7 sy,  0.0 ni, 93.8 id,  3.1 wa,  0.0 hi,  0.0 si,  0.0 st
KiB Mem :   999696 total,    66904 free,   715080 used,   217712 buff/cache
KiB Swap:  2097148 total,  2074048 free,    23100 used.    83872 avail Mem

  PID USER      PR  NI    VIRT    RES    SHR S %CPU %MEM     TIME+ COMMAND
 1234 root      20   0  287248  25060   4596 S  1.3  2.5   0:02.09 X
 1867 root      20   0 1637320 168344  30100 S  1.0 16.8   0:06.85 gnome-shell
 2445 root      20   0  739648  22876  12672 S  1.0  2.3   0:00.97 gnome-term+
  270 root      20   0       0      0      0 S  0.3  0.0   0:00.36 kworker/0:3
  402 root      20   0       0      0      0 S  0.3  0.0   0:00.16 xfsaild/dm+
 1845 root      20   0   34692   1520   1160 S  0.3  0.2   0:00.01 dbus-daemon
 2032 root      20   0  985064  34532   9740 S  0.3  3.5   0:00.64 gnome-soft+
 2543 root      20   0  157716   2256   1536 R  0.3  0.2   0:00.28 top
    1 root      20   0  193700   2988   1716 S  0.0  0.3   0:01.53 systemd
    2 root      20   0       0      0      0 S  0.0  0.0   0:00.00 kthreadd
    3 root      20   0       0      0      0 S  0.0  0.0   0:00.12 ksoftirqd/0
    4 root      20   0       0      0      0 S  0.0  0.0   0:00.11 kworker/0:0
    5 root       0 -20       0      0      0 S  0.0  0.0   0:00.00 kworker/0:+
    6 root      20   0       0      0      0 S  0.0  0.0   0:00.06 kworker/u2+
    7 root      rt   0       0      0      0 S  0.0  0.0   0:00.00 migration/0
    8 root      20   0       0      0      0 S  0.0  0.0   0:00.00 rcu_bh
    9 root      20   0       0      0      0 R  0.0  0.0   0:00.61 rcu_sched
   10 root      rt   0       0      0      0 S  0.0  0.0   0:00.00 watchdog/0
...
```

top 命令的执行结果显示的信息中,含义如下。

第一行表示当前的系统信息，依次是系统时间 18:42:17；系统启动了 5 分钟；登录系统的用户数量为 2；CPU 的平均负载情况。

第二行表示系统进程运行情况，依次是系统内运行的进程数为 189；其中 2 个进程处于运行状态，187 个进程处于睡眠状态，0 个进程处于停止状态，0 个进程处于僵死状态。

第三行表示 CPU 的使用情况。

第四行表示物理内存的使用情况。

第五行表示交换分区 swap 的使用情况。

再往下的内容表示进程的具体信息，与前面使用的 ps-aux 相似。

在 top 命令运行期间，可以使用一些命令与 top 命令的运行进行交互。

【例 5-6】 改变 top 命令显示进程的数量。

```
Maximum tasks = 20, change to (0 is unlimited)
```

当用户输入命令 n 或"#"后，在 top 命令显示结果的第五行下方出现以上提示信息，在其后输入想要调整的显示进程的数量，按回车键，top 命令的显示结果中的进程数量发生改变。

【例 5-7】 修改刷新的间隔秒数。

```
Change delay from 3.0 to
```

当用户输入命令 s 后，在 top 命令显示结果的第五行下方出现以上提示信息，在其后输入想要调整的间隔时长，按回车键，刷新的间隔秒数修改完成。

【例 5-8】 只显示指定用户名的进程。

```
Which user (blank for all)
```

当用户输入命令 u 后，在 top 命令显示结果的第五行下方出现以上提示信息，在其后输入用户名，按回车键，显示指定用户名的进程。

【例 5-9】 终止指定的进程。

```
PID to signal/kill [default pid = 3816]
```

当用户输入命令 k 后，在 top 命令显示结果的第五行下方出现以上提示信息，输入要删除进程的进程标识号(PID)，按回车键，终止该进程。

输入命令 q 退出 top 命令。

3. pstree

查看进程间的继承关系，并以树状结构显示。如果指定用户，则只显示该用户拥有的进程。

【例 5-10】 显示 root 所拥有的进程。

```
[root@localhost ~]# pstree root
systemd─┬─ModemManager───2*[{ModemManager}]
        ├─NetworkManager───2*[{NetworkManager}]
        ├─VGAuthService
        ├─2*[abrt-watch-log]
        ├─abrtd
```

```
├—accounts-daemon———2*[{accounts-daemon}]
├—alsactl
├—at-spi-bus-laun—┬—dbus-daemon———{dbus-daemon}
│                 └—3*[{at-spi-bus-laun}]
├—at-spi2-registr———2*[{at-spi2-registr}]
├—atd
├—auditd—┬—audispd—┬—sedispatch
│        │         └—{audispd}
│        └—{auditd}
...
```

学习情境4　掌握进程终止命令

终止一个正在前台运行的进程，可以按组合键Ctrl+C，而对于在后台运行的进程，使用如下命令来终止，常用命令有kill、killall、pkill等，工作原理是向Linux系统的内核发送一个系统操作信号和某个进程的进程标志号，然后系统内核就可以对该进程进行操作。

1. kill命令

在系统运行过程中，用于终止某个指定PID的服务进程。

命令格式：

```
kill [信号代码] pid
```

kill命令常用选项及说明如表5-6所示。

表5-6　kill命令常用选项及说明

选项	说　明
-l	如果不加指定的信号编号参数，则使用“-1”参数会列出全部的信号名称
-a	当处理当前进程时，不限制命令名和进程号的对应关系
-p	指定kill命令只打印相关进程的进程号，而不发送任何信号
-u	指定用户
-s	指定发送信号

【例5-11】　查看所有的进程信号。

```
[root@localhost ~]# kill -l
1) SIGHUP        2) SIGINT        3) SIGQUIT       4) SIGILL        5) SIGTRAP
6) SIGABRT       7) SIGBUS        8) SIGFPE        9) SIGKILL       10) SIGUSR1
11) SIGSEGV      12) SIGUSR2      13) SIGPIPE      14) SIGALRM      15) SIGTERM
16) SIGSTKFLT    17) SIGCHLD      18) SIGCONT      19) SIGSTOP      20) SIGTSTP
21) SIGTTIN      22) SIGTTOU      23) SIGURG       24) SIGXCPU      25) SIGXFSZ
26) SIGVTALRM    27) SIGPROF      28) SIGWINCH     29) SIGIO        30) SIGPWR
31) SIGSYS       34) SIGRTMIN     35) SIGRTMIN+1   36) SIGRTMIN+2   37) SIGRTMIN+3
38) SIGRTMIN+4   39) SIGRTMIN+5   40) SIGRTMIN+6   41) SIGRTMIN+7   42) SIGRTMIN+8
43) SIGRTMIN+9   44) SIGRTMIN+10  45) SIGRTMIN+11  46) SIGRTMIN+12  47) SIGRTMIN+13
48) SIGRTMIN+14  49) SIGRTMIN+15  50) SIGRTMAX-14  51) SIGRTMAX-13  52) SIGRTMAX-12
53) SIGRTMAX-11  54) SIGRTMAX-10  55) SIGRTMAX-9   56) SIGRTMAX-8   57) SIGRTMAX-7
58) SIGRTMAX-6   59) SIGRTMAX-5   60) SIGRTMAX-4   61) SIGRTMAX-3   62) SIGRTMAX-2
63) SIGRTMAX-1   64) SIGRTMAX
```

常用信号如下。

SIGHUP 1：重新加载配置。

SIGINT 2：键盘中断(Ctrl+C)。

9 (KILL)：强制终止。

15 (TERM)：正常停止一个进程。

【例 5-12】 终止 PID 为 2246 的进程。

```
[root @localhost ~]#kill -9 2246
```

【例 5-13】 终止 sshd 服务进程。

```
[root@localhost ~]# ps -A |grep sshd
  1071 ?           00:00:00 sshd
[root@localhost ~]# kill 1071
```

2. killall 命令

通过指定进程名终止进程。

命令格式：

```
killall [信号代码] 进程名
```

【例 5-14】 终止所有 sshd 进程。

```
[root @localhost ~]#killall sshd
```

3. pkill 命令

通过模式匹配终止指定进程。

命令格式：

```
pkill [选项][信号代码] 进程名
```

常用选项如下。

-t：仅匹配给定列表中终端关联的进程。

-u：仅匹配有效用户在给定列表中终端关联的进程。

【例 5-15】 杀死从 tty2 虚拟终端登录的进程。

```
[root@localhost ~]# w
18:51:50 up 37 min,  3 users,  load average: 0.16, 0.09, 0.09
USER     TTY      FROM             LOGIN@   IDLE   JCPU   PCPU WHAT
root     :0       :0               18:17   ?xdm?  50.36s  0.29s /usr/libexec/gnome-ses
root     pts/0    :0               18:18    6.00s  0.27s  0.02s w
root     tty2                      18:51    6.00s  0.03s  0.03s -bash
[root@localhost ~]# pkill -9 -t tty2
```

再次使用 w 命令查看登录用户，已看不到通过 tty2 虚拟终端登录的 root 用户了。

```
[root@localhost ~]# w
18:52:20 up 37 min,  2 users,  load average: 1.06, 0.28, 0.15
USER     TTY      FROM             LOGIN@   IDLE   JCPU   PCPU WHAT
root     :0       :0               18:17   ?xdm?  51.09s 0.29s /usr/libexec/gnome-ses
root     pts/0    :0               18:18    4.00s  0.28s 0.02s w
```

【例 5-16】 终止 root 用户的 sshd 进程。

```
[root @localhost ~]#pkill -u root sshd
```

习 题

一、选择题

1. 在 Linux 系统中,实时查看进程信息使用(   )命令。

   A. cat   B. ps   C. top   D. kill

2. 结束后台进程使用(   )命令。

   A. killall   B. ps   C. top   D. kill

3. 设置 httpd 服务开机自启动使用的命令是(   )。

   A. systemctl start httpd. service

   B. systemctl restart httpd. service

   C. systemctl enable httpd. service

   D. systemctl enabled httpd. service

4. 查看 network 服务状态使用的命令是(   )。

   A. systemctl start network. service

   B. systemctl restart network. service

   C. systemctl status network. service

   D. systemctl stop network. service

5. 使用(   )命令以树状结构查看进程间的继承关系。

   A. cat   B. ps   C. top   D. pstree

二、简答题

1. 简述 Linux 系统的启动过程。
2. 简述进程的分类。

项 目 6

安装和管理软件包

Linux 系统中软件包安装的方法主要有 RPM 包安装、YUM 安装和源代码安装三种。本项目将逐步介绍这三种方法。

【知识能力培养目标】

(1) 掌握 RPM 包管理工具的使用。

(2) 掌握 YUM 工具的使用。

(3) 掌握源代码安装软件的方法。

【课程思政培养目标】

课程思政培养目标如表 6-1 所示。

表 6-1 课程思政培养目标

教学内容	思政元素切入点	育人目标
Linux 软件包的安装	通过对软件安装的讲解,切入软件盗版的案例,导入知识产权的概念	增强学习者对知识产权的认知,认识盗版软件带来的危害,用法律武器保护自己和他人的合法权益
Linux 软件包	在讲解对软件包的管理和编译器的使用时,可以结合代码安全性的相关知识,通过列举、分析典型案例(如计算机病毒和恶意代码),引入代码安全意识、社会责任、价值观、诚信和职业道德等思政元素	培养学生增强职业和社会责任感,具备遵纪守法、爱岗敬业、诚实守信、开拓创新的职业品质和行为习惯

任务 1 用 RPM 安装和管理软件包

学习情境 1 了解 RPM

1. RPM 概述

RPM(redhat package manager)原本是 Red Hat Linux 发行版专门用来管理 Linux 各

项套件的程序,由于它遵循 GPL 规则且功能强大方便,因而广受欢迎。逐渐被其他发行版采用。RPM 套件管理方式的出现让 Linux 易于安装和升级,间接提升了 Linux 的适用度。

2. RPM 的主要功能

(1) 安装、卸载、升级和管理软件。

(2) 组件查询功能。

(3) 验证功能。

(4) 软件包 GPG 和 MD5 数字签名的导入、验证和发布。

(5) 软件包依赖处理。

(6) 选择安装。

(7) 网络远程安装功能。

学习情境 2 利用 RPM 进行软件包管理

1. RPM 软件包

RPM 软件包是对程序源码进行编译和封装以后形成的包文件,RPM 封装的软件包使用"软件名称-版本号-发布号. 硬件平台. rpm"的文件名形式,以 samba-4. 8. 3-4. el7. x86_64. rpm 为例,软件包名称中包含如下内容。

软件名称:samba。

版本号:4. 8. 3,分别对应"主版本号. 次版本号. 修正号"。

发布号:4. el7,4 是软件发布的次数;el7 是 Red Hat 公司发布,适合 RHEL7. x 系统。

硬件平台:x86_64,软件包适用的硬件平台。

2. rpm 命令格式

命令格式:

```
rpm [选项] <软件包名>
```

RPM 命令的基本选项及说明如表 6-2 所示。

表 6-2 rpm 命令基本选项及说明

选项	说 明	选项	说 明
-i	安装软件包(install)	-h	显示安装进度
-v	显示详细信息		

3. 安装和卸载软件包

在安装软件包时,需要指定软件包名为全名,同时需要指明软件包的路径,或者切换到软件包所在的目录,再进行安装。

(1) 安装软件包。

【例 6-1】 使用 rpm 命令安装 samba 的软件包,同时显示安装信息和安装进度,命令操作及命令执行结果如图 6-1 所示。

(2) 卸载软件包

【例 6-2】 如果要对已经安装过的软件包进行卸载,可以使用 rpm -e 命令,例如,将已安装的 samba 进行删除,如图 6-2 所示。

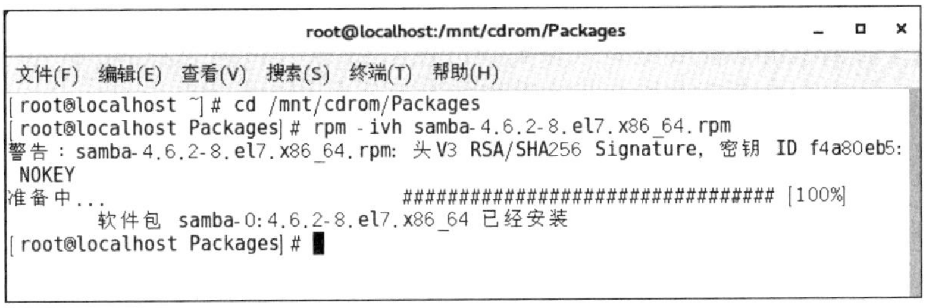

```
root@localhost:/mnt/cdrom/Packages
文件(F) 编辑(E) 查看(V) 搜索(S) 终端(T) 帮助(H)
[root@localhost ~]# cd /mnt/cdrom/Packages
[root@localhost Packages]# rpm -ivh samba-4.6.2-8.el7.x86_64.rpm
警告：samba-4.6.2-8.el7.x86_64.rpm: 头V3 RSA/SHA256 Signature, 密钥 ID f4a80eb5: NOKEY
准备中...                          ################################# [100%]
        软件包 samba-0:4.6.2-8.el7.x86_64 已经安装
[root@localhost Packages]#
```

图 6-1 RPM 安装 samba 软件包

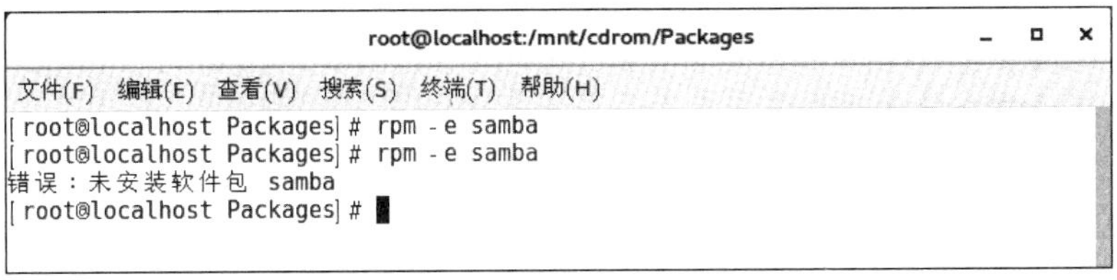

```
root@localhost:/mnt/cdrom/Packages
文件(F) 编辑(E) 查看(V) 搜索(S) 终端(T) 帮助(H)
[root@localhost Packages]# rpm -e samba
[root@localhost Packages]# rpm -e samba
错误：未安装软件包 samba
[root@localhost Packages]#
```

图 6-2 RPM 卸载 samba 软件包

成功删除掉软件包后没有任何提示，当我们再次输入删除命令时提示错误。

4. 查询软件包

使用 rpm 命令的查询功能可以查看某个软件包是否已经安装、软件包的用途以及软件包复制到系统中的文件等相关信息，以便更好地管理 Linux 操作系统中的应用程序。

(1) 使用“-qa”选项查询所有已安装的软件包。

【例 6-3】 查找系统中已经安装的与 samba 相关的软件包，如图 6-3 所示。

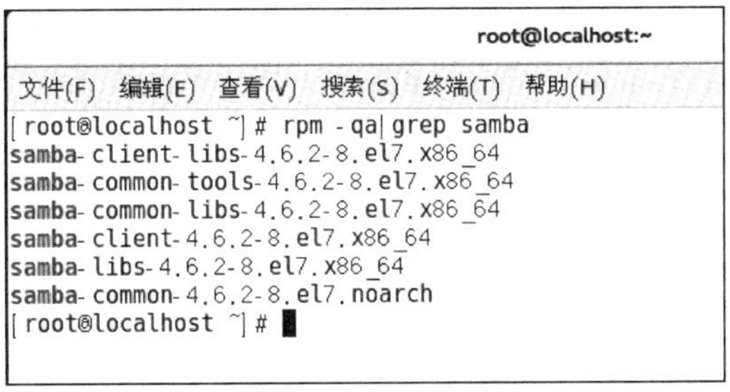

```
root@localhost:~
文件(F) 编辑(E) 查看(V) 搜索(S) 终端(T) 帮助(H)
[root@localhost ~]# rpm -qa|grep samba
samba-client-libs-4.6.2-8.el7.x86_64
samba-common-tools-4.6.2-8.el7.x86_64
samba-common-libs-4.6.2-8.el7.x86_64
samba-client-4.6.2-8.el7.x86_64
samba-libs-4.6.2-8.el7.x86_64
samba-common-4.6.2-8.el7.noarch
[root@localhost ~]#
```

图 6-3 查询与 samba 相关软件包

(2) 结合管道符和“wc -l”命令，统计系统中已经安装的 RPM 软件包的个数，如图 6-4 所示。

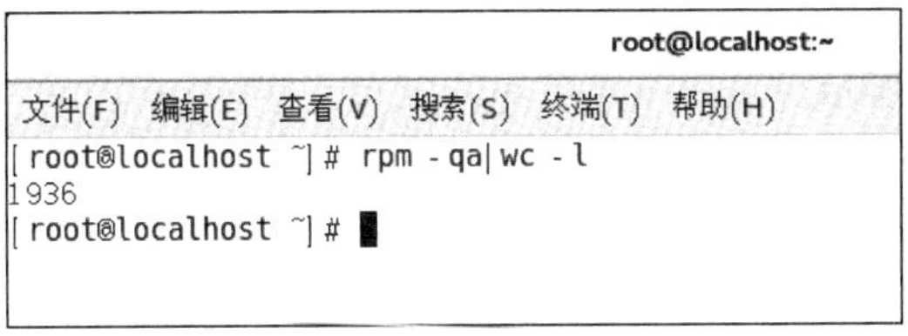

```
root@localhost:~
文件(F) 编辑(E) 查看(V) 搜索(S) 终端(T) 帮助(H)
[root@localhost ~]# rpm -qa|wc -l
1936
[root@localhost ~]#
```

图 6-4 统计系统中软件包的个数

(3) 使用“-qi”选项查询已经安装软件包的信息。

【例 6-4】 查看 samba-client-4.8.3-4.el7.x86_64 软件包的名称、版本、许可协议、用途描述等详细信息。

```
[root@localhost ~]# rpm -qi samba-client-4.8.3-4.el7.x86_64
```

执行结果如图 6-5 所示。

```
Name        : samba-client
Epoch       : 0
Version     : 4.8.3
Release     : 4.el7
Architecture: x86_64
Install Date: 2020年06月22日 星期一 05时05分44秒
Group       : Unspecified
Size        : 2139158
License     : GPLv3+ and LGPLv3+
Signature   : RSA/SHA256, 2018年08月09日 星期四 23时46分23秒, Key ID
199e2f91fd431d51
Source RPM  : samba-4.8.3-4.el7.src.rpm
Build Date  : 2018年08月09日 星期四 21时41分32秒
Build Host  : x86-017.build.eng.bos.redhat.com
Relocations : (not relocatable)
Packager    : Red Hat, Inc. <http://bugzilla.redhat.com/bugzilla>
Vendor      : Red Hat, Inc.
URL         : http://www.samba.org/
Summary     : Samba client programs
Description :
The samba-client package provides some SMB/CIFS clients to complement
the built-in SMB/CIFS filesystem in Linux. These clients allow access
of SMB/CIFS shares and printing to SMB/CIFS printers.
```

图 6-5 命令执行结果

(4) 使用“-ql”选项查询软件包安装的目录和文件清单。

【例 6-5】 查看 wget 的程序文件在系统中安装在什么位置。

```
[root@localhost ~]# rpm -ql wget
```

执行结果如图 6-6 所示。

(5) 使用“-qc”选项查询软件包所安装的配置文件。

【例 6-6】 查看 vsftpd 在系统中的相关配置文件，显示文件所在位置，如图 6-7 所示。

(6) 使用“-qf”选项查询某个文件或命令所属的软件包。

【例 6-7】 使用 which 命令搜索 vim 命令所在的位置，然后查询 vim 命令属于哪个软件包，如图 6-8 所示。

```
/etc/wgetrc
/usr/bin/wget
/usr/share/doc/wget-1.14
/usr/share/doc/wget-1.14/AUTHORS
/usr/share/doc/wget-1.14/COPYING
/usr/share/doc/wget-1.14/MAILING-LIST
/usr/share/doc/wget-1.14/NEWS
/usr/share/doc/wget-1.14/README
/usr/share/doc/wget-1.14/sample.wgetrc
/usr/share/info/wget.info.gz
/usr/share/locale/be/LC_MESSAGES/wget.mo
/usr/share/locale/bg/LC_MESSAGES/wget.mo
...
```

图 6-6 查看 wget 程序文件在系统中的安装位置

```
root@localhost:~
文件(F) 编辑(E) 查看(V) 搜索(S) 终端(T) 帮助(H)
[root@localhost ~]# rpm -qc vsftpd
/etc/logrotate.d/vsftpd
/etc/pam.d/vsftpd
/etc/vsftpd/ftpusers
/etc/vsftpd/user_list
/etc/vsftpd/vsftpd.conf
[root@localhost ~]#
```

图 6-7 查看 vsftpd 的相关配置文件

```
root@localhost:~
文件(F) 编辑(E) 查看(V) 搜索(S) 终端(T) 帮助(H)
[root@localhost ~]# which vim
/usr/bin/vim
[root@localhost ~]# rpm -qf /usr/bin/vim
vim-enhanced-7.4.160-2.el7.x86_64
[root@localhost ~]#
```

图 6-8 查询 vim 命令所属软件包

任务 2 用 YUM 安装软件包

学习情境 1 了解 YUM

YUM(Yellow dog Updater, Modified)是一个在 Fedora 和 Red Hat 以及 SUSE 中的 Shell 前端软件包管理器。

利用 RPM 包管理功能,能够从指定的服务器下载和安装 RPM 包,可以自动处理依赖性关系，可一次安装所依赖的软件包。

YUM 命令提供了查找、安装、删除一个或一组甚至全部软件包的功能，而且命令简洁且好记。

学习情境 2　配置 YUM 源

使用 YUM 安装软件需要一个 YUM 仓库，也就是 YUM 源（YUM repo），其中存放了大量的 RPM 软件包，以及很多相关数据文件。

用户可在/etc/yum.repos.d 目录下自行定义 YUM 源，YUM 源可以通过 HTTP、FTP 等网络协议连接软件共享服务器，获取相应的软件包进行安装，也可定义本地的 YUM 源。

假设将已经进行挂载的系统光盘作为 YUM 源，操作如下：

```
[root@localhost mnt]# mount /dev/cdrom /mnt/media
```

在/etc/yum.repos.d 目录下创建 redhat.repo 文件，配置文件内容如下：

```
[media]
name = Redhat
baseurl = file:///mnt/media
enabled = 1
gpgcheck = 0
```

配置文件中的内容及其含义如表 6-3 所示。

表 6-3　redhat.repo 配置文件中的内容及含义

选　项	含　　义
[]	YUM 源 ID 号，用户自定义
name	YUM 源的描述，用户自定义
baseurl	YUM 源的访问路径，可以是网络路径或者本地路径
enabled	是否激活 YUM 源，1 为激活，0 为禁用
gpgcheck	gpg 验证是否开启，1 是开启，0 是不开启

学习情境 3　应用 YUM

YUM 命令配合不同的选项，可以实现安装、查询、升级、卸载软件包等功能。

1. 安装软件

当需要安装软件时，使用命令"yum install 软件包名"自动从 YUM 中查找所需的软件包进行安装。以安装 samba 软件包为例：

```
[root@localhost ~]# yum install samba
```

安装开始将会自动检查软件包之间的依赖关系，依赖关系解决完成后列出要安装的软件包和依赖包的信息，输入 y 后按 Enter 键确认，安装继续进行，出现"Complete!"提示表示软件安装成功。

也可以在安装命令中加入选项"-y"实现非交互快速安装，设定为安装过程中出现的提示回答为 yes。

```
[root@localhost ~]# yum install -y samba
```

2. 查看软件包信息

(1) 列出 samba 软件包的信息。

```
[root@localhost ~]# yum info samba
已加载插件:langpacks, product-id, search-disabled-repos
已安装的软件包
名称:samba
架构:x86_64
版本:4.8.3
发布:4.el7
大小:1.9 M
源:installed
来自源:media
简介: Server and Client software to interoperate with Windows machines
网址:http://www.samba.org/
协议: GPLv3+ and LGPLv3+
描述: Samba is the standard Windows interoperability suite of programs for
    : Linux and Unix.
```

(2) 列出所有软件包的信息,命令 yum info 后不跟具体的某个软件包名。

```
[root@localhost ~]# yum info
```

(3) 列出所有已安装的软件包信息。

```
[root@localhost ~]# yum info installed
```

(4) 列出所有可更新的软件包信息。

```
[root@localhost ~]# yum info updates
```

3. 软件包升级

要升级单个软件包,只需输入"yum update 软件包名"命令。

```
[root@localhost ~]# yum update samba
```

要升级系统中所有软件包以及相关的依赖性软件包,只需输入 yum update 即可。

```
[root@localhost ~]# yum update
```

4. 卸载软件

卸载软件使用 yum remove 命令。

```
[root@localhost ~]# yum remove samba
```

卸载一个软件包的同时,也会将与该软件有依赖性的其他软件包一并卸载,这样的行为极有可能导致一系列问题,比如系统崩溃,因为一个软件包可能与多个软件包存在依赖关系,卸载某个软件包导致多个软件无法正常使用,在使用卸载命令时要规避此类问题的出现。

5. 清除本地缓存

YUM 会把下载的软件包和 header 存储在缓存中,使用缓存来提高执行效率。如果觉得缓存占用磁盘空间或者导致 YUM 运行不正常，可将其清除。

```
[root@localhost ~]# yum clean all
已加载插件:langpacks, product-id, search-disabled-repos
正在清理软件源: media
Other repos take up 1.6 k of disk space (use --verbose for details)
```

任务 3 用源码安装软件包

学习情境 1 了解源码编译

在 Windows 操作系统安装软件是件简单的事情，下载软件，然后一直单击“下一步”按钮即可。而在 Linux 安装软件就没那么简单了，尤其是对于新手而言，往往会手足无措，觉得 Linux 很不好用。可一旦习惯了，就会惊叹于 Linux 的强大，安装软件可以简单地用一句命令行解决从下载到安装的整个流程，比 Windows 下的一键安装还要简单。也可以自己到官网下载源码，自己编译，甚至修改源码，做到真正自定义安装软件。

我们知道，不管是 Windows 还是 Linux，最终能执行的都是二进制文件，而我们的代码是用编程语言写的文本文件，要转换成操作系统能识别的二进制码就需要编译器。

学习情境 2 用源码安装软件

源码编译安装的基本步骤为下载、解压、配置、编译和安装，以安装 Nginx 为例进行介绍。

1. 下载

在 Linux 操作系统可以正常访问互联网的情况下，下载软件到当前目录。

```
[root@localhost ~]# wget http://nginx.org/download/nginx-1.12.2.tar.gz
```

经过对 Nginx 官方服务器的解析和连接，将 Nginx 源码压缩包 nginx-1.12.2.tar.gz 保存到本地。

2. 解压

将文件解压到/usr/src 中，同时进入解压后产生的文件目录中。

```
[root@localhost ~]#tar -xzvf nginx-1.12.2.tar.gz -C /usr/src
[root@localhost ~]#cd /usr/src/nginx-1.12.2
```

3. 配置

设置编译的参数，使用源码目录中的 configure 脚本完成，执行“./configure --help”可查看帮助。“--prefix”参数用于指定软件包安装的目录，这样的好处是将文件都安装到指定的目录中，便于集中管理。若不指定任何配置选项，将采用默认值。

```
[root@localhost nginx-1.12.2]# ./configure --prefix=/usr/src/nginx
```

4. 编译

编译的过程会读取 makefile 文件的配置信息，将源码编译成二进制文件。

```
[root@localhost nginx-1.12.2]#make
```

5. 安装

编译完成后，执行 make install 命令，将软件安装至指定目录。

```
[root@localhost nginx-1.12.2]#make install
```

安装完成后，进入安装目录中的 bin 或 sbin 目录，进行相应配置后即可使用安装好的软件。

习　题

一、选择题

1. 使用 rpm 命令查询软件包是否安装使用的命令选项为(　　)。

A. -e　　B. -q　　C. -U　　D. -ivh

2. 使用 rpm 命令卸载软件包 httpd 时，可使用(　　)命令。

A. rpm -ivh httpd　　B. rpm -e httpd

C. rpm -q httpd　　D. rpm -h httpd

3. 使用 yum 安装命令中加入选项(　　)实现非交互快速安装。

A. -a　　B. -e　　C. -n　　D. -y

二、简答题

1. 简述如何使用 RPM 命令查询已安装的软件包的情况以及相关情况。
2. 简述 YUM 软件仓库的作用。
3. 简述源代码安装软件的基本流程。

项 目 7

掌握网络配置技术

Linux 系统和互联网有着密切的联系，Linux 系统以其强大的网络功能成为网络服务器操作系统的首选，而系统的网络配置管理是接入网络的第一步。

【知识能力培养目标】

(1) 掌握 Linux 系统网卡的配置管理。

(2) 掌握主机名的配置管理。

(3) 掌握常用网络管理命令的使用。

【课程思政培养目标】

课程思政培养目标如表 7-1 所示。

表 7-1 课程思政培养目标

教学内容	思政元素切入点	育人目标
Linux 系统连接网络的配置管理	通过对网络技术的发展进行介绍，采用合理的方式实现资源共享，提高计算机的使用效率	让学生学会有效使用网络资源，树立共享发展、共同协作的团队精神
路由管理	交换机的路由选择和路由管理的目的是选择最佳的路径传输网络信息	培养学生多学、多问、多看、多思考，寻找最佳的学习路径，努力学好专业知识

任务 1 熟知网络配置

为使系统接入网络，与其他主机进行正常通信，需要对系统的网卡信息进行配置，主要包括 IP 地址、子网掩码、默认网关等参数信息。

学习情境1　熟知网卡参数配置

1. 网卡配置文件

网卡的配置文件位于/etc/sysconfig/network-scripts/目录下，使用 ls 命令列出目录下的文件，如图 7-1 所示。在 Linux 7 之前的版本中，网卡采用的传统命名方式为“eth＋序号”，例如 eth0、eth1 等。在 Linux 7 中则采用了不同的命名规则，默认是基于固件、拓扑、位置信息来分。

```
[root@localhost ~]# cd /etc/sysconfig/network-scripts
[root@localhost network-scripts]# ls
ifcfg-ens33    ifdown-ppp        ifup-ib       ifup-Team
ifcfg-lo       ifdown-routes     ifup-ippp     ifup-TeamPort
ifdown         ifdown-sit        ifup-ipv6     ifup-tunnel
ifdown-bnep    ifdown-Team       ifup-isdn     ifup-wireless
ifdown-eth     ifdown-TeamPort   ifup-plip     init.ipv6-global
ifdown-ib      ifdown-tunnel     ifup-plusb    network-functions
ifdown-ippp    ifup              ifup-post     network-functions-ipv6
ifdown-ipv6    ifup-aliases      ifup-ppp
ifdown-isdn    ifup-bnep         ifup-routes
ifdown-post    ifup-eth          ifup-sit
```

图 7-1　网卡配置文件名称及路径

如图 7-1 所示，ifcfg-ens33 即为网卡配置文件，查看文件内容常用配置选项及含义如表 7-2 所示。

表 7-2　网卡配置文件选项及含义

网卡配置文件配置项	含　义
TYPE=Ethernet	网卡类型
PROXY_METHOD=none	代理方式
BROWSER_ONLY=no	只是浏览器
BOOTPROTO=static	获取 IP 地址方式(static|dhcp|none|bootp)
DEFROUTE=yes	设置默认路由(yes|no)
IPv4_FAILURE_FATAL=no	是否开启 IPv4 致命错误检测
IPv6INIT=yes	IPv6 是否自动初始化
IPv6_AUTOCONF=yes	IPv6 是否自动配置
IPv6_DEFROUTE=yes	IPv6 是否可以为默认路由
IPv6_FAILURE_FATAL=no	是否开启 IPv6 致命错误检测
IPv6_ADDR_GEN_MODE=stable-privacy	IPv6 地址生成模型
NAME=ens33	网卡物理设备名称
UUID=cd1e3579-f213-4288-ae1b-3f09a54d8850	通用唯一识别码
DEVICE=ens33	网卡名称
ONBOOT=yes	开机是否启动(yes|no)

为网卡配置静态 IP 地址，使用 Vim 编辑器修改网卡配置文件内容。

```
BOOTPROTO = static      //修改网卡获取 IP 地址的方式为 static
ONBOOT = yes            //设置为开机或重启自启动
```

添加 IP 地址、子网掩码、默认网关、DNS 服务器地址。

```
IPADDR = 192.168.10.2
NETMASK = 255.255.255.0
GATEWAY = 192.168.10.1
DNS1 = 192.168.10.2
DNS2 = 8.8.8.8
```

配置好的网卡配置文件如图 7-2 所示。

```
TYPE=Ethernet
PROXY_METHOD=none
BROWSER_ONLY=no
BOOTPROTO=none
DEFROUTE=yes
IPv4_FAILURE_FATAL=no
IPv6INIT=yes
IPv6_AUTOCONF=yes
IPv6_DEFROUTE=yes
IPv6_FAILURE_FATAL=no
IPv6_ADDR_GEN_MODE=stable-privacy
NAME=ens33
UUID=cd1e3579-f213-4288-ae1b-3f09a54d8850
DEVICE=ens33
ONBOOT=yes
IPADDR=192.168.10.2
PREFIX=24
GATEWAY=192.168.10.1
DNS1=192.168.10.2
```

图 7-2 网卡配置文件

配置完成后，使用 wq 命令保存并退出，重启网络服务 systemctl restart network.service，使配置文件生效，通过命令 ifconfig 查看网卡的配置信息，如图 7-3 所示。

```
[root@localhost network-scripts]# systemctl start network
[root@localhost network-scripts]# ifconfig
ens33: flags=4163<UP,BROADCAST,RUNNING,MULTICAST>  mtu 1500
        inet 192.168.10.2  netmask 255.255.255.0  broadcast 192.168.10.255
        inet6 fe80::93b3:855f:62b8:a9d8  prefixlen 64  scopeid 0x20<link>
        ether 00:0c:29:7f:10:80  txqueuelen 1000  (Ethernet)
        RX packets 1168  bytes 103994 (101.5 KiB)
        RX errors 0  dropped 0  overruns 0  frame 0
        TX packets 324  bytes 34145 (33.3 KiB)
        TX errors 0  dropped 0 overruns 0  carrier 0  collisions 0
...
```

图 7-3 通过 ifconfig 命令查看网卡的配置信息

2. nmtui 图形化界面

除了通过编辑网卡的配置文件，也可使用 nmtui 命令得到图形化界面来配置网络参数。

```
[root@localhost ~]# nmtui
```

进入网络配置图形化界面，选择“编辑连接”命令，如图 7-4 所示。

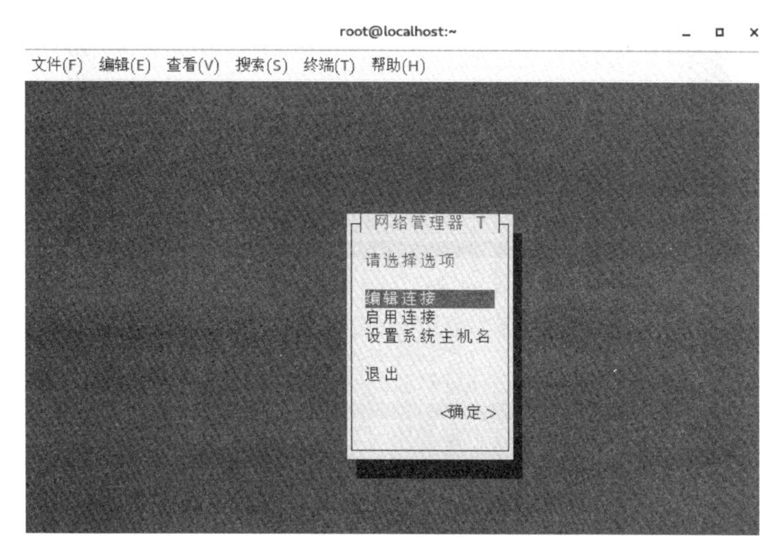

图 7-4　选择“编辑连接”命令

选择网卡配置文件 ens33，然后单击“编辑”按钮，如图 7-5 所示。

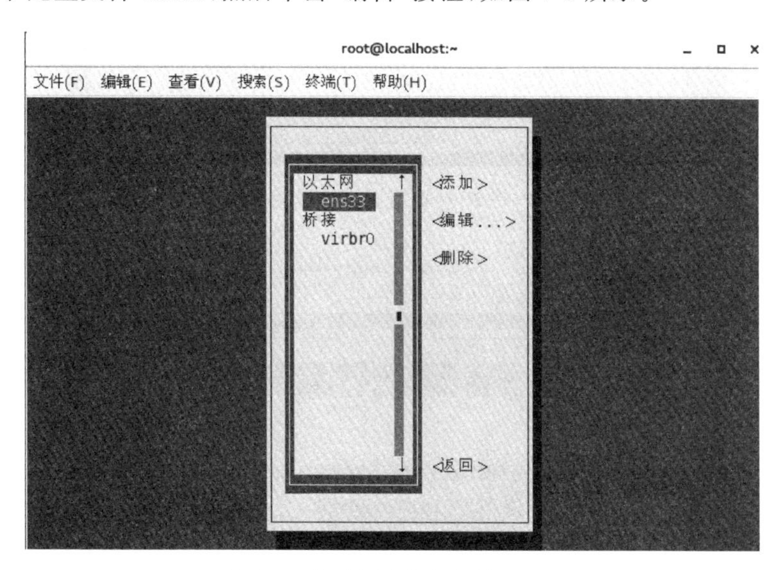

图 7-5　选择网卡配置文件 ens33

进入网卡信息配置界面，如图 7-6 所示。

在“编辑连接”界面中，将 IPv4 配置方式从“自动”修改为“手动”，如图 7-7 所示。

单击 IPv4 配置后的“显示”按钮，出现地址、网关、DNS 服务器等配置选项，修改配置选项，如图 7-8 所示。

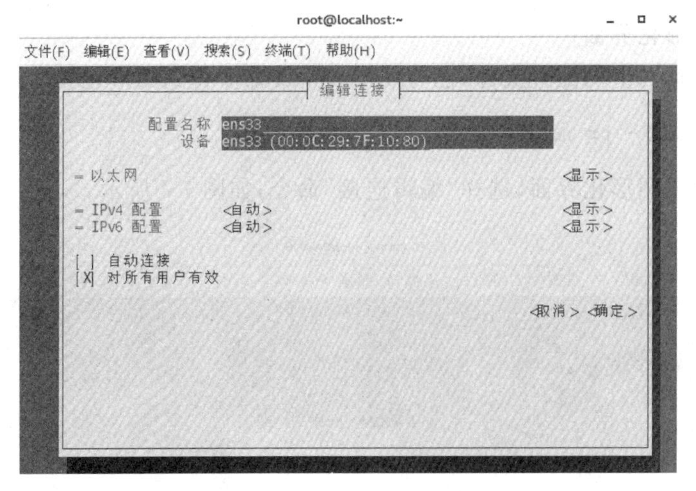

图 7-6　网卡信息配置界面

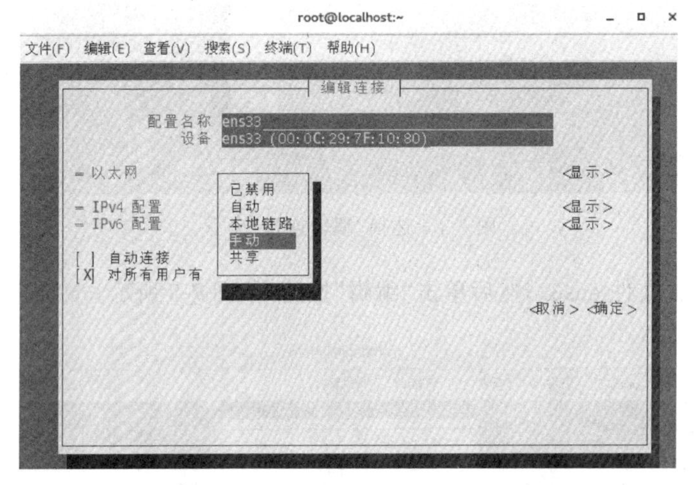

图 7-7　将 IPv4 配置方式修改为“手动”

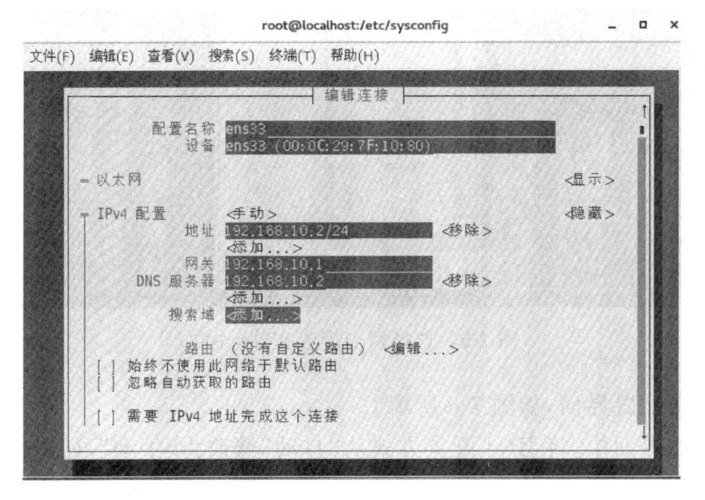

图 7-8　配置网卡相关信息

单击“确定”按钮完成对网卡的配置，如图 7-9 所示。

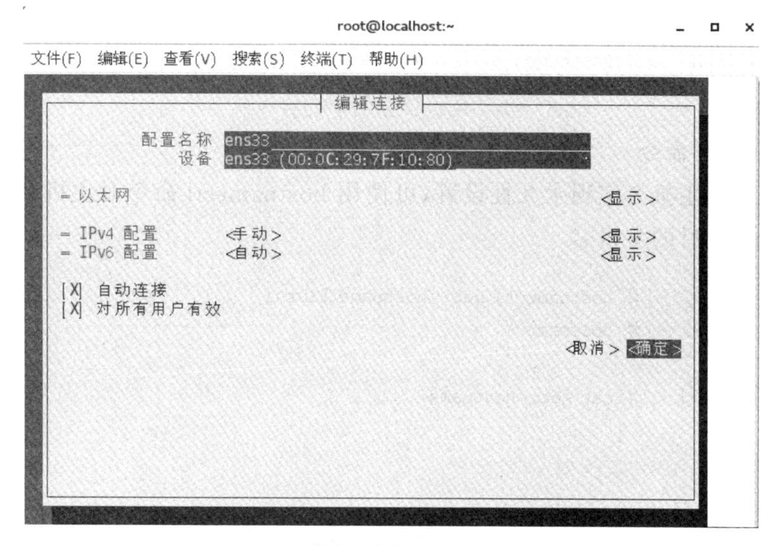

图 7-9　单击“确定”按钮保存配置

配置完成后，启动网卡服务，使用 ifconfig 命令查看网卡信息，网卡配置成功，如图 7-10 所示。

```
root@localhost:~
文件(F)  编辑(E)  查看(V)  搜索(S)  终端(T)  帮助(H)
[root@localhost ~]# systemctl start network
[root@localhost ~]# systemctl restart network
[root@localhost ~]# ifconfig
ens33: flags=4163<UP,BROADCAST,RUNNING,MULTICAST>  mtu 1500
        inet 192.168.10.2  netmask 255.255.255.0  broadcast 192.168.10.255
        inet6 fe80::9c2f:2e29:3739:3927  prefixlen 64  scopeid 0x20<link>
        ether 00:0c:29:e3:2e:63  txqueuelen 1000  (Ethernet)
        RX packets 1771  bytes 177657 (173.4 KB)
        RX errors 0  dropped 0  overruns 0  frame 0
        TX packets 289  bytes 40842 (39.8 KiB)
        TX errors 0  dropped 0 overruns 0  carrier 0  collisions 0
```

图 7-10　网卡配置成功

学习情境 2　熟知主机名配置文件

随着连接到网络的计算机数量越来越多，某一台计算机可通过主机名来区别于其他计算机。

通过命令 hostname 或者 uname -n 均可查看主机名。

```
[root@localhost ~]# hostname
localhost.localdomain
[root@localhost ~]# uname -n
localhost.localdomain
```

1. hostname 命令

使用 hostname 命令可对主机名进行修改，新的主机名立即生效，但这只是临时的，系统重启后会恢复之前的主机名。

```
[root@localhost ~]# hostname liurui
[root@localhost ~]# hostname
liurui
```

2. hostnamectl 命令

要使新配置的主机名实现永久性设置，可使用 hostnamectl 命令对主机名进行修改，系统重启后保持修改后的主机名。

```
[root@localhost ~]# hostnamectl set - hostname liurui
[root@localhost ~]# hostname
liurui
[root@liurui ~]    # cat /etc/hostname
liurui
```

任务2　掌握网络管理命令

学习情境1　掌握网络接口配置命令 ifconfig

ifconfig 命令功能非常强大，可以设置或显示网络接口的程序，查看机器的网卡信息。

命令格式：

```
ifconfig [网络设备][down up - allmulti - arp - promisc][add <地址>][del <地址>][< hw <网络设备类型><硬件地址>][io_addr < I/O 地址>][irq < IRQ 地址>][media <网络媒介类型>][mem_start <内存地址>][metric <数目>][mtu <字节>][netmask <子网掩码>][tunnel <地址>][ - broadcast <地址>][ - pointopoint <地址>][IP 地址]
```

ifconfig 命令的常用选项及说明如表 7-3 所示。

表 7-3　ifconfig 命令的常用选项及说明

选　项	说　　明
up	启动指定网络设备/网卡
down	关闭指定网络设备/网卡
arp	设置指定网卡是否支持 ARP
-a	显示全部接口信息
-s	显示摘要信息(类似于 netstat-i)
add	给指定网卡配置 IPv6 地址
del	删除指定网卡的 IPv6 地址
mtu	设置网卡的最大传输单元
netmask	设置网卡的子网掩码
-broadcast	为指定网卡设置广播协议

【例 7-1】 查看所有网卡的信息。

```
[root@localhost ~]# ifconfig - a
```

以上命令显示出系统中所有的网卡配置信息，不添加选项“-a”则显示当前活跃的网卡信息，也可在命令后跟网卡设备名称，则显示指定网卡的配置信息。

【例 7-2】 将网卡 ens33 的 IP 地址设置为 192.168.1.10，子网掩码为 255.255.255.0，设置完毕后查看是否成功，如图 7-11 所示。

```
[root@localhost ~]# ifconfig ens33 192.168.1.10 netmask 255.255.255.0

[root@localhost ~]# ifconfig ens33

ens33: flags=4163<UP,BROADCAST,RUNNING,MULTICAST>  mtu 1500

        inet 192.168.1.10  netmask 255.255.255.0  broadcast 192.168.1.255

        inet6 fe80::20c:29ff:fe7f:1080  prefixlen 64  scopeid 0x20<link>

        ether 00:0c:29:7f:10:80  txqueuelen 1000  (Ethernet)

        RX packets 2382  bytes 164841 (160.9 KiB)

        RX errors 0  dropped 0  overruns 0  frame 0

        TX packets 25  bytes 3619 (3.5 KiB)

        TX errors 0  dropped 0 overruns 0  carrier 0  collisions 0
```

图 7-11 查看网卡信息

使用 ifconfig 命令查看网卡信息是否设置成功，需要注意的是，这样的设置或修改网卡信息只是临时生效。

学习情境 2 掌握网络检测命令 ping

ping 命令用于确定网络和各外部主机的状态；跟踪和隔离硬件和软件问题；测试、评估和管理网络。如果主机正在运行并连接网络，它就对回送信号进行响应。默认情况是连续发送回送信号请求，直到接收到中断信号(按组合键 Ctrl+C)。

ping 命令每秒发送一个数据报并且为每个接收到的响应打印一行输出。ping 命令计算信号往返时间和(信息)包丢失情况的统计信息，并且在完成之后显示一个简要总结。ping 命令在程序超时或接收到 SIGINT(终端终止)信号时结束。Host(主机)参数或者是一个有效的主机名或者是因特网地址。

命令格式：

```
ping [选项] [主机名或 IP 地址]
```

ping 命令常用的选项及说明如表 7-4 所示。

表 7-4 ping 命令常用选项及说明

选项	说　　明
-A	自适应 ping,根据 ping 包往返时间确定 ping 的速度
-b	允许 ping 一个广播地址
-B	不允许 ping 改变包头的源地址
-c count	ping 指定次数后停止 ping
-i	指定收发信息的间隔时间
-s	设置数据包的大小

【例 7-3】 测试与 IP 地址为 192.168.10.7 的目的主机是否连通,每隔 0.8 秒发送一个数据包,一共发送 3 次,如图 7-12 所示。

```
[root@localhost ~]# ping -i 0.8 -c 3 192.168.10.7

PING 192.168.10.7 (192.168.10.7) 56(84) bytes of data.

64 bytes from 192.168.10.7: icmp_seq=1 ttl=128 time=2.01 ms

64 bytes from 192.168.10.7: icmp_seq=2 ttl=128 time=0.387 ms

64 bytes from 192.168.10.7: icmp_seq=3 ttl=128 time=0.845 ms

--- 192.168.10.7 ping statistics ---

3 packets transmitted, 3 received, 0% packet loss, time 1603ms

rtt min/avg/max/mdev = 0.387/1.080/2.010/0.684 ms
```

图 7-12 网络测试结果

学习情境 3 掌握查看网络信息命令 netstat

该命令用于显示网络状态。

命令格式:

```
netstat [ - acCeFghilMnNoprstuvVwx] [ - A <网络类型>] [ -- ip]
```

netstat 命令常用的选项及说明如表 7-5 所示。

表 7-5 netstat 命令常用选项及说明

选项	说　　明
-a	列出所有网络状态
-c	指定每隔几秒刷新一次网络状态
-n	使用 IP 地址和端口号显示,不使用域名与服务名
-p	显示 PID 和程序名

续表

选项	说　明
-t	显示使用 TCP 端口的连接状况
-u	显示使用 UDP 端口的连接状况
-I	仅显示监听状态的连接
-r	显示路由表
-s	显示所有端口的统计信息

【例 7-4】 列出所有的 TCP 端口，如图 7-13 所示。

```
[root@localhost ~]# netstat -at
Active Internet connections (servers and established)
Proto Recv-Q Send-Q Local Address           Foreign Address         State
tcp        0      0 0.0.0.0:sunrpc          0.0.0.0:*               LISTEN
tcp        0      0 localhost.locald:domain 0.0.0.0:*               LISTEN
tcp        0      0 0.0.0.0:ssh             0.0.0.0:*               LISTEN
tcp        0      0 localhost:ipp           0.0.0.0:*               LISTEN
tcp        0      0 localhost:smtp          0.0.0.0:*               LISTEN
tcp6       0      0 [::]:sunrpc             [::]:*                  LISTEN
tcp6       0      0 [::]:ssh                [::]:*                  LISTEN
tcp6       0      0 localhost:ipp           [::]:*                  LISTEN
tcp6       0      0 localhost:smtp          [::]:*                  LISTEN
```

图 7-13　列出所有 TCP 端口

【例 7-5】 显示所有端口的统计信息，如图 7-14 所示。

学习情境 4　掌握管理路由命令 route

该命令是用于操作基于 Linux 内核中的网络路由表，它的主要作用是创建一个静态路由，让指定的一个主机或者一个网络通过一个网络接口。当使用 add 或者 del 参数时，路由表被修改，如果没有参数，则显示路由表当前的内容。

命令格式：

```
route [ - f] [ - p] [Command [Destination] [mask Netmask] [Gateway] [metric Metric]] [if Interface]]
```

```
[root@localhost ~]# netstat -s
Ip:
   640 total packets received
    0 forwarded
    0 incoming packets discarded
    467 incoming packets delivered
    516 requests sent out
    110 outgoing packets dropped
    2 dropped because of missing route
Icmp:
    237 ICMP messages received
    0 input ICMP message failed.
    ICMP input histogram:
        destination unreachable: 230
        echo replies: 7
    237 ICMP messages sent
    0 ICMP messages failed
    ICMP output histogram:
        destination unreachable: 230
        echo request: 7
...
```

图 7-14 显示所有端口的统计信息

route 命令常用的选项及说明如表 7-6 所示。

表 7-6 route 命令常用选项及说明

选项	说　明
-c	显示更多信息
-v	显示详细的处理信息
-f	显示发送信息
add	添加一条新路由

续表

选项	说　　明
del	删除一条路由
-net	目标地址是一个网络
-host	目标地址是一个主机
netmask	当添加一个网络路由时，需要使用网络掩码
gw	路由数据包通过网关
metric	设置路由跳数

【例 7-6】 显示当前主机中的路由信息，如图 7-15 所示。

```
[root@localhost ~]# route -n
Kernel IP routing table
Destination     Gateway         Genmask         Flags Metric Ref    Use
Iface
192.168.10.0    0.0.0.0         255.255.255.0   U     0      0        0
ens33
192.168.122.0   0.0.0.0         255.255.255.0   U     0      0        0
virbr0
```

图 7-15　显示当前主机中的路由信息

显示结果中，U 表示此路由当前为启动状态。Flags 其他标志及其含义：H 表示此网关为一主机，G 表示此网关为一路由器，R 表示使用动态路由重新初始化的路由，D 表示此路由是动态性地写入，M 表示此路由是由路由守护程序或导向器动态修改，“!”表示此路由当前为关闭状态。

习　　题

一、选择题

1. 在 Linux 系统中，查看和设置主机名的命令是(　　)。
   A. ifconfig　　B. systemctl　　C. host　　D. hostname
2. 显示出系统中所有网卡配置信息的命令是(　　)。
   A. ifconfig -all　　B. ipconfig -a　　C. ifconfig -all　　D. ipconfig -a

二、操作题

1. 设置主机名为 newhost。
2. 设置本地网卡静态 IP 地址为 192.168.1.10/24，网关为 192.168.1.1。

项 目 8

掌握系统安全配置

作为一个开放源代码的操作系统，Linux 服务器以其安全、高效和稳定的显著优势而得以广泛应用。

【知识能力培养目标】

了解防火墙的工作机制。

掌握 iptables 的使用。

掌握 firewalld 的使用。

掌握系统安全加固的方法。

【课程思政培养目标】

课程思政培养目标如表 8-1 所示。

表 8-1 课程思政培养目标

教学内容	思政元素切入点	育人目标
学习防火墙安全策略的配置	虚拟世界发展迅速，个人的虚拟财产被盗、隐私数据泄露、加密信息被破解的事件层出不穷	教育学生增强系统安全的意识，学会应对系统安全威胁，保证个人和国家的信息安全
学习操作系统的安全优化配置	从信息安全引入信息安全防范案例和安全防范常识	培养学生遵纪守法、明辨是非，具有安全防范意识

任务 1 配置防火墙

网络安全日益被人们重视，保障数据的安全性成为一项重要工作。

学习情境 1 了解 iptables

iptables 是基于数据包过滤控制的防火墙，实际由 netfilter 和 iptables 两个组件构成。

netfilter 是集成在内核中的一部分，它的作用是定义、保存相应的规则。而 iptables 是一种工具，用以修改信息的过滤规则及其他配置。用户可以通过 iptables 来设置适合当前环境的规则，而这些规则会保存在内核空间中。

1. iptables 工作原理

netfilter 是 Linux 核心中的一个通用架构，它提供了一系列的“表”(tables)，每个表由若干“链”(chains)组成，而每条链可以由一条或数条“规则”(rules)组成。实际上，netfilter 是表的容器，表是链的容器，而链又是规则的容器。参数说明如下。

(1) 规则(rules)：设置过滤数据包的具体条件，如 IP 地址、端口、协议以及网络接口等信息，如表 8-2 所示。

表 8-2　规则条件及说明

条件	说　明
Address	针对封包内的地址信息进行比对。可对来源地址(source address)、目的地址(destination address)与网络卡地址(MAC address)进行比对
Port	封包内存放于 Transport 层的 Port 信息设定比对的条件，可用来比对的 Pott 信息包含：来源 Port(source port)、目的 Port(destination port)
Protocol	通信协议，指的是某一种特殊种类的通信协议。netfilter 可以比对 TCP、UDP 或者 ICMP 等协议
Interface	接口，指的是封包接收或者输出的网络适配器名称
Fragment	不同接口的网络系统，会有不同的封包长度的限制。如封包跨越至不同的网络系统时，可能会将封包进行裁切(fragment)。可以针对裁切后的封包信息进行监控与过滤
Counter	可针对封包的计数单位进行条件比对

(2) 链(chain)：在数据包传递过程中，不同的情况下所要遵循的规则组合形成了链，如表 8-3 所示。

表 8-3　规则链及说明

规则链	说　明	规则链	说　明
PREROUTING	在进行路由选择前处理数据包	FORWARD	处理转发的数据包
INPUT	处理流入的数据包	POSTROUTING	在进行路由选择后处理数据包
OUTPUT	处理流出的数据包		

(3) 动作(target)：当数据包经过时，若 netfilter 检测该包符合相应规则，则会对该数据包进行相应的处理，如表 8-4 所示。

表 8-4　处理动作及说明

动作	说　明	动作	说　明
ACCEPT	允许数据包通过	REJECT	拒绝数据包通过，并返回错误信息
DROP	丢弃数据包	LOG	记录日志信息

当 iptables 的默认策略为拒绝时，就要设置允许规则，否则谁都进不来；如果防火墙的默认策略为允许时，就要设置拒绝规则，否则谁都能进来，防火墙也就失去了防范的作用。

(4) 表(tables)：接收数据包时，netfilter 提供了过滤、地址转换和变更数据包处理的功能，netfilter 根据数据包的处理需要，将链(chain)进行组合，设计了 3 个表(table)：filter、nat 和 mangle，如表 8-5 所示。

表 8-5　表及说明

表	说　明
filter	netfilter 默认表，通常使用该表进行过滤设置
nat	当建立新的连接时，该表能够修改数据包，并完成网络地址转换
mangle	数据包的特殊变更操作

iptables 整个工作流程如图 8-1 所示。

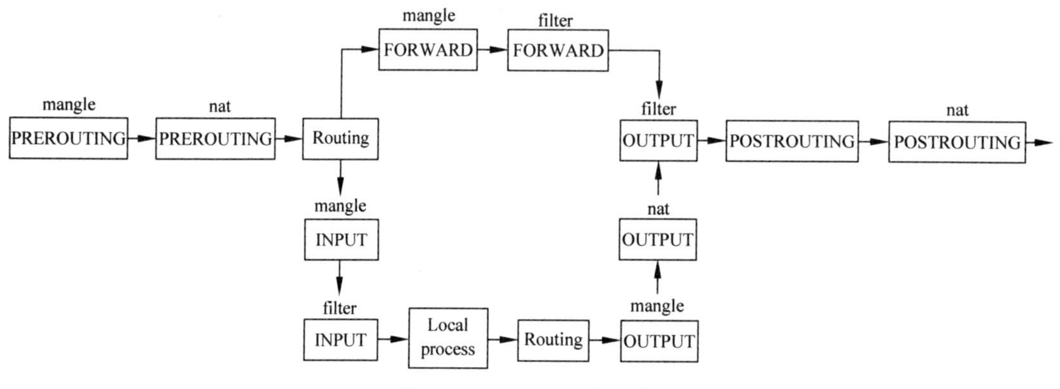

图 8-1　iptables 工作流程

2. iptables 的应用

iptables 可以根据数据包的源地址、目的地址、端口号或传输协议等信息进行匹配，若匹配成功，再根据策略规则所预设的动作来处理数据包，灵活运用 iptables 可以达到加固系统安全的目的。

命令格式：

```
iptables [ -t 表名] 命令选项 [链名] [条件匹配] [ -j 目标动作或跳转]
```

iptables 命令常用的选项及说明如表 8-6 所示。

表 8-6　iptables 命令常用选项及说明

选项参数	说　明	选项参数	说　明
-P	设置默认策略	-s	匹配源地址，加“!”表示除这个 IP 外
-L	查看规则链	-d	匹配目的地址
-F	清空规则链	-p	匹配协议
-A	在规则链的末尾追加新规则	-i 网卡名称	匹配入口网卡流入的数据
-I	在规则链的头部追加新规则	-o 网卡名称	匹配出口网卡流出的数据
-D	删除规则	--dport	匹配目标端口
-R	修改规则	--sport	匹配来源端口

【例 8-1】 查看已有的防火墙规则链，如图 8-2 所示。

```
root@localhost:~
文件(F) 编辑(E) 查看(V) 搜索(S) 终端(T) 帮助(H)
[root@localhost ~]# iptables -L
Chain INPUT (policy ACCEPT)
target     prot opt source               destination
ACCEPT     udp  --  anywhere             anywhere             udp dpt:domain
ACCEPT     tcp  --  anywhere             anywhere             tcp dpt:domain
ACCEPT     udp  --  anywhere             anywhere             udp dpt:bootps
ACCEPT     tcp  --  anywhere             anywhere             tcp dpt:bootps
ACCEPT     all  --  anywhere             anywhere             ctstate RELATED,ESTABLISHED
ACCEPT     all  --  anywhere             anywhere
INPUT_direct  all  --  anywhere             anywhere
INPUT_ZONES_SOURCE  all  --  anywhere             anywhere
INPUT_ZONES  all  --  anywhere             anywhere
DROP       all  --  anywhere             anywhere             ctstate INVALID
REJECT     all  --  anywhere             anywhere             reject-with icmp-host-prohi
bited

Chain FORWARD (policy ACCEPT)
target     prot opt source               destination
ACCEPT     all  --  anywhere             192.168.122.0/24     ctstate RELATED,ESTABLISHED
ACCEPT     all  --  192.168.122.0/24     anywhere
ACCEPT     all  --  anywhere             anywhere
REJECT     all  --  anywhere             anywhere             reject-with icmp-port-unrea
chable
REJECT     all  --  anywhere             anywhere             reject-with icmp-port-unrea
```

图 8-2　查看已有的防火墙规则链

【例 8-2】 清空已有的防火墙规则链，如图 8-3 所示。

```
root@localhost:~
文件(F) 编辑(E) 查看(V) 搜索(S) 终端(T) 帮助(H)
[root@localhost ~]# iptables -F
[root@localhost ~]# iptables -L
Chain INPUT (policy ACCEPT)
target     prot opt source               destination

Chain FORWARD (policy ACCEPT)
target     prot opt source               destination

Chain OUTPUT (policy ACCEPT)
target     prot opt source               destination

Chain FORWARD_IN_ZONES (0 references)
target     prot opt source               destination

Chain FORWARD_IN_ZONES_SOURCE (0 references)
target     prot opt source               destination

Chain FORWARD_OUT_ZONES (0 references)
target     prot opt source               destination

Chain FORWARD_OUT_ZONES_SOURCE (0 references)
target     prot opt source               destination
```

图 8-3　清空已有的防火墙规则链

【例 8-3】 将 INPUT 规则链的默认规则设置为允许，如图 8-4 所示。

```
root@localhost:~
文件(F) 编辑(E) 查看(V) 搜索(S) 终端(T) 帮助(H)
[root@localhost ~]# iptables -P INPUT ACCEPT
[root@localhost ~]# iptables -L
Chain INPUT (policy ACCEPT)
target     prot opt source               destination
```

图 8-4　将 INPUT 规则链的默认规则设置为允许

【例 8-4】 向 INPUT 规则链中添加允许 ICMP 流量进入的策略规则，如图 8-5 所示。

```
root@localhost:~
文件(F) 编辑(E) 查看(V) 搜索(S) 终端(T) 帮助(H)
[root@localhost ~]# iptables -I INPUT -p ICMP -j ACCEPT
[root@localhost ~]# iptables -L
Chain INPUT (policy ACCEPT)
target     prot opt source               destination
ACCEPT     icmp --  anywhere             anywhere
```

图 8-5 向 INPUT 规则链中添加允许 ICMP 流量进入的策略规则

【例 8-5】 向 INPUT 规则链中添加拒绝 192.168.1.2 主机访问本机 23 号端口(Telnet 服务)的策略规则，如图 8-6 所示。

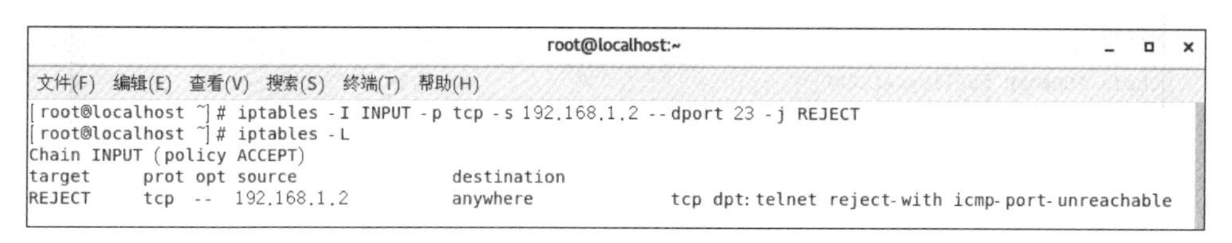

图 8-6 向 INPUT 规则链中添加拒绝 192.168.1.2 主机访问本机 23 号端口的策略规则

【例 8-6】 将 INPUT 规则链设置为只允许指定网段的主机访问本机的 22 号端口，拒绝来自其他所有主机的流量，如图 8-7 所示。

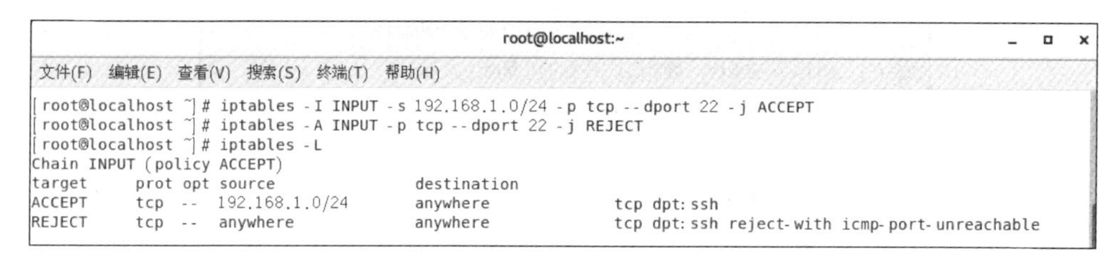

图 8-7 将 INPUT 规则链设置为只允许指定网段的主机访问本机的 22 号端口，拒绝来自其他所有主机的流量

iptables 策略规则是按照从上到下的顺序执行，允许和拒绝两个动作谁先谁后格外重要，要把允许动作放到拒绝动作前面，如果拒绝在前，则所有的流量就将被拒绝掉，后面的允许动作将失去意义。

学习情境 2 了解 firewalld

firewalld 是 Linux 系统的动态防火墙管理器(dynamic firewall manager of Linux systems)，是默认的防火墙配置管理工具，它拥有基于 CLI(命令行界面)和基于 GUI(图形用户界面)的两种管理方式。

1. firewalld 数据处理

firewalld 提供了支持网络区域所定义的网络连接以及接口安全等级的动态防火墙管理工具，firewalld 描述了主机所连接的整个网络环境的可信级别，并定义了新连接的处理方式，将所有数据流量分为多个区域(zone)，根据数据包的特征将流量传入相应区域，执行相应的安全策略。

firewalld 中的区域名称及策略规则如表 8-7 所示。

表 8-7 firewalld 区域名称及说明

选　　项	说　　明
trusted(信任区域)	允许所有的传入流量
public(公共区域)	允许与 ssh 或 dhcpv6-client 预定义服务匹配的传入流量,其余均拒绝,是新添加网络接口的默认区域
external(外部区域)	允许与 ssh 预定义服务匹配的传入流量,其余均拒绝。默认将通过此区域转发的 IPv4 传出流量将进行地址伪装,可用于为路由器启用了伪装功能的外部网络
home(家庭区域)	允许与 ssh、ipp-client、mdns、samba-client 或 dhcpv6-client 预定义服务匹配的传入流量,其余均拒绝
internal(内部区域)	默认值时与 home 区域相同
work(工作区域)	允许与 ssh、ipp-client、dhcpv6-client 预定义服务匹配的传入流量,其余均拒绝
dmz(隔离区域)	允许与 ssh 预定义服务匹配的传入流量,其余均拒绝
block(限制区域)	拒绝所有传入流量
drop(丢弃区域)	丢弃所有传入流量,并且不产生包含 ICMP 的错误响应

2. firewall-cmd 管理工具

firewall-cmd 是 firewalld 防火墙命令界面的配置管理工具,支持动态更新,不用重启服务。命令格式:

```
firewall-cmd [选项] [参数]
```

firewall-cmd 命令常用的选项及说明如表 8-8 所示。

表 8-8 firewall-cmd 命令常用选项及说明

选项参数	说　　明
--help	显示帮助信息
--version	显示版本信息
--state	显示状态信息
--get-default-zone	查询默认的区域名称
--set-default-zone=<区域名称>	设置默认的区域,使其永久生效
--get-zones	显示可用的区域
--get-services	显示预先定义的服务
--get-active-zones	显示当前正在使用的区域与网卡名称
--add-source=	将源自此 IP 地址或子网的流量导向指定的区域
--remove-source=	不再将源自此 IP 地址或子网的流量导向某个指定区域
--add-interface=<网卡名称>	将源自该网卡的所有流量都导向某个指定区域
--change-interface=<网卡名称>	将某个网卡与区域进行关联
--list-all	显示当前区域的网卡配置参数、资源、端口以及服务等信息
--list-all-zones	显示所有区域的网卡配置参数、资源、端口以及服务等信息
--add-service=<服务名>	设置默认区域允许该服务的流量
--add-port=<端口号/协议>	设置默认区域允许该端口的流量

续表

选 项 参 数	说　　明
--remove-service=<服务名>	设置默认区域不再允许该服务的流量
--remove-port=<端口号/协议>	设置默认区域不再允许该端口的流量
--reload	让"永久生效"的配置规则立即生效,并覆盖当前的配置规则
--panic-on	开启应急状况模式
--panic-off	关闭应急状况模式

(1) 配置 firewall-cmd

查看版本:

```
[root@localhost ~]# firewall-cmd --version
```

查看帮助:

```
[root@localhost ~]# firewall-cmd --help
```

显示状态:

```
[root@localhost ~]# firewall-cmd -state
```

查看当前系统中的默认区域:

```
[root@localhost ~]# firewall-cmd --get-default-zone
```

查看所有打开的端口:

```
[root@localhost ~]# firewall-cmd --zone=public --list-ports
```

更新防火墙规则:

```
[root@localhost ~]# firewall-cmd --reload
```

更新防火墙规则,重启服务:

```
[root@localhost ~]# firewall-cmd --completely-reload
```

查看已激活的 zone 信息:

```
[root@localhost ~]# firewall-cmd --get-active-zones
```

查看指定接口所属区域:

```
[root@localhost ~]# firewall-cmd --get-zone-of-interface=ens33
```

拒绝所有包:

```
[root@localhost ~]# firewall-cmd --panic-on
```

取消拒绝状态:

```
[root@localhost ~]# firewall-cmd --panic-off
```

查看是否拒绝:

```
[root@localhost ~]#firewall-cmd --query-panic
```

(2) 端口管理

在 public 区域打开 80/tcp 端口：

```
[root@localhost ~]#firewall-cmd --zone=public --add-port=80/tcp
```

重载：

```
[root@localhost ~]#firewall-cmd --reload
```

在 public 区域查看 80/tcp 端口：

```
[root@localhost ~]#firewall-cmd --zone=public --query-port=80/tcp
```

从 public 区域删除 80/tcp 端口：

```
[root@localhost ~]#firewall-cmd --zone=public --remove-port=80/tcp
```

(3) 服务管理

添加 httpd 服务到 internal 区域：

```
[root@localhost ~]#firewall-cmd --zone=internal --add-service=http
```

查看服务：

```
[root@localhost ~]#firewall-cmd --zone= internal --query-service= http
```

删除 internal 区域的 httpd 服务：

```
[root@localhost ~]#firewall-cmd --zone= internal --remove-service= http
```

(4) 配置 IP 地址伪装

查看：

```
[root@localhost ~]#firewall-cmd --zone=external --query-masquerade
```

打开：

```
[root@localhost ~]#firewall-cmd --zone=external --add-masquerade
```

关闭：

```
[root@localhost ~]#firewall-cmd --zone=external --remove-masquerade
```

(5) 端口转发

打开端口转发，首先需要打开 IP 地址伪装：

```
[root@localhost ~]#firewall-cmd --zone=external --add-masquerade
```

转发 tcp 22 端口至 3753：

```
[root@localhost ~]#firewall-cmd --zone=external --add-forward-port=22:porto=
tcp:toport=3753
```

转发端口数据至另一个 IP 的相同端口：

```
[root@localhost ~]#firewall-cmd --zone=external --add-forward-port=22:porto=tcp:toaddr=192.168.1.112
```

转发 22 端口数据至另一个 IP 的 8000 端口：

```
[root@localhost ~]#firewall-cmd --zone=external --add-forward-port=22:porto=tcp::toport=8000:toaddr=192.168.1.10
```

firewalld 防火墙安全策略配置完成后，系统动态更新生效，一旦 firewalld 服务重启、停止时安全策略失效。若要使安全策略永久生效，则在配置安全策略时添加"--permanent"选项，然后重新启动 firewalld 服务或执行 firewall-cmd --reload 命令重新加载防火墙，例如：

```
[root@localhost ~]# firewall-cmd --permanent --zone=internal --add-service=http
[root@localhost ~]#firewall-cmd --reload
```

任务 2　优化系统安全

作为一个开放源代码的操作系统，Linux 服务器以其安全、高效和稳定的显著优势而得以广泛应用，Linux 系统的安全设置也显得尤为关键。

学习情境 1　掌握密码安全技术

为了降低密码被破解的风险，账户密码安全策略非常重要。管理员可以在服务器端限制用户密码使用最大有效期天数，对密码已失效的用户，登录时要求重新设置密码，否则拒绝登录等安全策略进行设置。

通过修改配置文件/etc/login.defs 来调整账户的密码安全策略，如图 8-8 所示。

```
[root@localhost ~]# vim /etc/login.defs
```

```
root@localhost:~
文件(F) 编辑(E) 查看(V) 搜索(S) 终端(T) 帮助(H)
# Password aging controls:
#
#       PASS_MAX_DAYS   Maximum number of days a password may
be used.
#       PASS_MIN_DAYS   Minimum number of days allowed between
 password changes.
#       PASS_MIN_LEN    Minimum acceptable password length.
#       PASS_WARN_AGE   Number of days warning given before a
password expires.
#
PASS_MAX_DAYS   30
PASS_MIN_DAYS   0
PASS_MIN_LEN    8
PASS_WARN_AGE   7
```

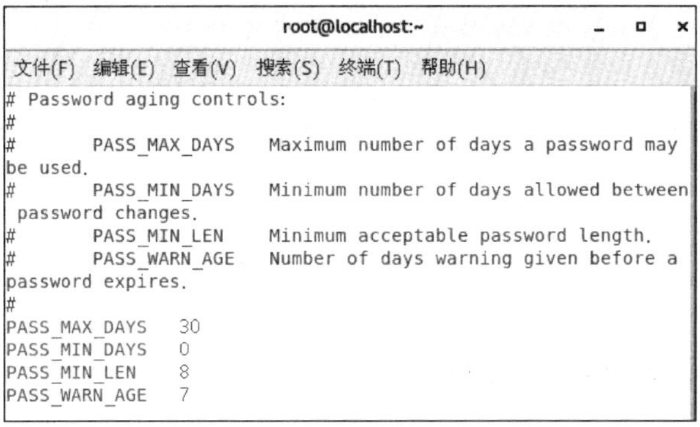

图 8-8　密码安全策略

配置文件中四个项目的意思分别为：密码最多使用 30 天，到期后用户必须更改密码；允许用户更改密码；密码的长度为 8 位数；密码失效前 7 天提醒用户修改密码。

修改完的配置文件对之后新增的用户有效，而对已存在的用户，使用 chage 命令进行设置，命令格式为：

```
chage [选项] [用户名]
```

chage 命令常用的选项及说明如表 8-9 所示。

表 8-9　chage 命令选项及说明

选项	说　明
-d	指定密码最后修改日期
-E	密码到期的日期,0 表示马上过期,-1 表示永不过期
-h	显示帮助信息并退出
-I	密码过期后,锁定账号的天数
-l	列出用户以及密码的有效期
-m	密码可以更改的最小天数,为零代表任何时候都可以更改密码
-M	密码保持有效的最大天数
-W	密码过期前,提前收到警告信息的天数

对已经存在的用户 Ryan 调整其密码安全策略,密码 30 天过期。

```
[root@localhost ~]# chage -M 30 Ryan
[root@localhost ~]# chage -l Ryan
...
两次改变密码之间相距的最小天数        :0
两次改变密码之间相距的最大天数        :30
在密码过期之前警告的天数              :7
```

通过修改账户密码的过期时间、长度、复杂程度等安全策略,可有效提高账户的安全性。

学习情境 2　掌握用户切换提权技术

在生产环境中,不建议直接使用 root 用户登录,一是避免因操作失误而造成不可逆的影响;二是降低特权密码被泄露的风险。鉴于这些原因,需要为普通用户提供一种身份切换或权限提升机制,以进行管理任务。

使用 su 命令可以进行账户间的切换,获取权限,系统默认所有用户均允许使用该命令,若有用户恶意尝试切换至其他用户,反复尝试密码登录,会带来极大的安全风险。可以使用 pam_wheel 认证模块,只允许极个别用户使用 su 命令进行切换。

```
[root@localhost ~]# vim /etc/pam.d/su
auth        required        pam_wheel.so use_uid
```

将配置文件/etc/pam.d/su 中这一行前面的"#"去掉,使之生效。

```
[root@localhost ~]# su jack
[jack@localhost root]$ su root
密码:
su: 拒绝权限
```

当我们从普通用户 jack 切换至管理员 root 时,被系统拒绝。若要允许普通用户 jack 进行账户间切换,则要将 jack 加入至 wheel 组中。

```
[root@localhost ~]# gpasswd -a jack wheel
正在将用户 jack 加入到 wheel 组中
[root@localhost ~]# su jack
[jack@localhost root]$ su root
密码:
[root@localhost ~]#
```

su 命令可以让用户之间相互切换,包括管理员 root,如果每个普通用户都能切换到 root 账户,则系统存在着很大风险。而 sudo 命令可以让普通用户拥有一部分管理员 root 才能执行的命令,而无须知道管理员 root 的密码。

使用 visudo 命令修改配置文件/etc/sudoers。在配置文件中"root ALL=(ALL) ALL"这一行下面加入"jack ALL=(ALL) ALL"就可以让 jack 用户拥有了 sudo 的权利。

```
[root@localhost ~]# vim /etc/sudoers
## Allow root to run any commands anywhere
root    ALL=(ALL)    ALL
jack    ALL=(ALL)    ALL
```

修改完文件后,如果使用":wq"无法完成保存退出,因为/etc/sudoers 是一个只读文件,要使用":wq!"来保存退出。

```
[root@localhost ~]# su jack
[jack@localhost root]$ ls
ls: 无法打开目录.: 权限不够
[jack@localhost root]$ sudo ls
我们信任您已经从系统管理员那里了解了日常注意事项.
总结起来无外乎这三点:

  #1) 尊重别人的隐私.
  #2) 输入前要先考虑(后果和风险).
  #3) 权力越大,责任越大.

[sudo] jack 的密码:
anaconda-ks.cfg    initial-setup-ks.cfg
```

当用户执行 sudo 命令时,系统通过/etc/sudoers 文件判断该用户是否有执行 sudo 的权限,若确认用户具有可执行 sudo 的权限后,让用户输入自己的密码确认,若密码正确,则开始执行 sudo 后续的命令,管理员 root 执行 sudo 时不需要输入密码,若欲切换的身份与执行者的身份相同,也不需要输入密码。

习　　题

一、简答题

1. 简述防火墙的基本功能和特点。
2. 简述在 Linux 系统中,iptables 和 firewalld 的异同。

3. 简述 firewalld 中区域的作用。

二、操作题

1. iptables 禁止 192.168.1.0/24 网段流量访问本地 80 端口。
2. 在 firewalld 中将默认区域设置为 external。
3. 修改相关配置文件,要求用户每 30 天修改一次密码,密码最小长度为 8 位。

项 目 9

Shell 编 程

在 Linux 系统中,Shell 为用户提供了命令交互执行的界面,还可以通过脚本语言进行编程,使大量任务自动化执行,让系统管理和维护的工作效率提高。

【知识能力培养目标】

了解 Shell 编程的概念。

掌握 Shell 编程的语法。

掌握 Shell 脚本程序的调试方法。

【课程思政培养目标】

课程思政培养目标如表 9-1 所示。

表 9-1 课程思政培养目标

教学内容	思政元素切入点	育人目标
Shell 脚本程序的编写	简述编程技术在生活和工作中的广泛运用,促进了社会的发展,提高了生产效率,让人们的生活变得更加便利	坚定学生对我国科学发展理念的认同,树立学生履行时代赋予的使命的责任担当,发扬时代精神,激起学生学习报国的理想情怀

任务 1 Shell 程序设计

学习情境 1 认识 Shell

Shell 是一个用 C 语言编写的程序,它是用户使用 Linux 的桥梁。Shell 既是一种命令语言,又是一种程序设计语言。Shell 是指一种应用程序,这个应用程序提供了一个界面,用户通过这个界面访问操作系统内核的服务。

Ken Thompson 的 sh 是第一种 Unix Shell,Windows Explorer 是一个典型的图形界面 Shell。

学习情境 2　编写一个 Shell 程序

1. 创建一个 Shell 脚本文件

与其他程序语言类似，通过编辑器（比如 Vim）编写包含 Shell 命令的文本文件，扩展名为“.sh”，扩展名不影响脚本文件的执行，系统未作强制要求。

```
[root@localhost ~]# vim new.sh
```

在新创建的文件 new.sh 中写入 Shell 程序的内容，如图 9-1 所示。

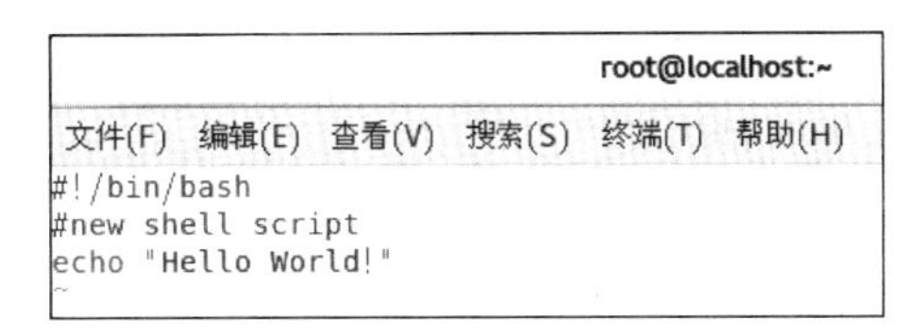

图 9-1　Shell 脚本文件

在这个简单的 Shell 脚本中，第一行要求通过标记“#!”顶格写出解释器的路径，指明系统这个脚本需要什么解释器来执行，即使用哪一种 Shell。在 CentOS 系统中，默认使用的 Shell 是 bash，其完整路径为“/bin/bash”。

在 Shell 脚本文件中，以“#”开头的内容是注释信息，增强脚本内容的可读性，注释行在脚本文件中可省略。

echo 语句是该脚本文件中的可执行部分，是必不可少的组成部分。脚本还可通过添加可执行命令和程序结构语句，使脚本程序执行过程更加灵活高效。

2. 设置可执行权限

查看新创建的脚本文件 new.sh 的详细信息，用户对该文件不具有执行权限，如图 9-2 所示。

```
root@localhost:~
文件(F) 编辑(E) 查看(V) 搜索(S) 终端(T) 帮助(H)
[root@localhost ~]# ll new.sh
-rw-r--r--. 1 root root 50 1月  17 00:45 new.sh
[root@localhost ~]#
```

图 9-2　查看脚本文件详细信息

要执行该脚本文件，需要对其设置执行权限，如图 9-3 所示。

```
root@localhost:~
文件(F) 编辑(E) 查看(V) 搜索(S) 终端(T) 帮助(H)
[root@localhost ~]# chmod a+x new.sh
[root@localhost ~]# ll new.sh
-rwxr-xr-x. 1 root root 50 1月  17 00:45 new.sh
[root@localhost ~]#
```

图 9-3　给脚本文件设置执行权限

3. 执行 Shell 脚本

执行 Shell 脚本可以直接执行，也可指定 Shell 程序执行。

直接执行 Shell 脚本只需在 Shell 提示符后指定文件的路径，输入 Shell 脚本名，如图 9-4 所示。

```
root@localhost:~
文件(F) 编辑(E) 查看(V) 搜索(S) 终端(T) 帮助(H)
[root@localhost ~]# /root/new.sh
Hello World!
[root@localhost ~]#
```

图 9-4 执行脚本文件

如果脚本文件在当前目录下，通过相对路径的表示方式来执行。

```
[root@localhost ~]# ./new.sh
Hello World!
```

指定 Shell 程序执行脚本文件时，可以不对脚本文件设置可执行权限。例如，通过/bin 目录下 sh 程序对脚本文件进行解释执行。

```
[root@localhost bin]# sh /root/new.sh
Hello World!
```

学习情境 3 了解变量

Shell 有以下几种基本类型的变量。

1. Shell 定义的环境变量

Shell 在开始执行时就已经定义了一些和系统的工作环境有关的变量，用户还可以重新定义这些变量，常用的 Shell 环境变量如下。

(1) HOME 用于保存注册目录的完全路径名。

(2) PATH 用于保存用冒号分隔的目录路径名，Shell 将按 PATH 变量中给出的顺序搜索这些目录，找到的第一个与命令名称一致的可执行文件将被执行。

(3) TERM 终端的类型。

(4) UID 当前用户的识别字，取值是由数位构成的字串。

(5) PWD 当前工作目录的绝对路径名，该变量的取值随 cd 命令的使用而变化。

(6) PS1 主提示符，在特权用户下，默认的主提示符是“#”，在普通用户下，默认的主提示符是“$”。

(7) PS2 在 Shell 接收用户输入命令的过程中，如果用户在输入行的末尾输入“\”然后回车，或者当用户按回车键时 Shell 判断出用户输入的命令没有结束时，就显示这个辅助提示符，提示用户继续输入命令的其余部分，默认的辅助提示符是“>”。

2. 用户定义的变量

用户可以按照下面的语法规则定义自己的变量：

```
变量名 = 变量值
```

要注意的一点是，在定义变量时，变量名前不应加符号“$”，在引用变量的内容时则应在变量名前加“$”；在给变量赋值时，等号两边一定不能留空格，若变量中本身就包含了空格，则整个字串都要用双引号括起来。

在编写 Shell 程序时，为了使变量名和命令名相区别，建议所有的变量名都用大写字母表示。

有时我们想要在说明一个变量并对它设置为一个特定值后就不再改变它的值时，可以用下面的命令来保证一个变量的只读性：

```
readonly 变量名
```

在任何时候，创建的变量都只是当前 Shell 的局部变量，所以不能被 Shell 运行的其他命令或 Shell 程序所利用，而 export 命令可以将一个局部变量提供给 Shell 执行的其他命令使用，其格式为：

```
export 变量名
```

也可以在给变量赋值的同时使用 export 命令：

```
export 变量名 = 变量值
```

使用 export 说明的变量，在 Shell 以后运行的所有命令或程序中都可以访问到。

3. 位置参数

位置参数是一种在调用 Shell 程序的命令行中按照各自的位置决定的变量，是在程序名之后输入的参数。位置参数之间用空格分隔，Shell 取第一个位置参数替换程序文件中的 $1，第二个替换 $2，以此类推。$0 是一个特殊的变量，它的内容是当前这个 Shell 程序的文件名，所以，$0 不是一个位置参数，在显示当前所有的位置参数时是不包括 $0 的。

4. 预定义变量

预定义变量和环境变量相类似，也是在 Shell 一开始时就定义了的变量。不同的是，用户只能根据 Shell 的定义来使用这些变量，而不能重定义它。所有预定义变量都是由 $ 符和另一个符号组成的，常用的 Shell 预定义变量如下。

$ # 位置参数的数量。

$ * 所有位置参数的内容。

$？ 命令执行后返回的状态。

$ $ 当前进程的进程号。

$！ 上一个后台运行进程的进程号。

$0 当前执行的进程名。

其中，$？ 用于检查上一个命令执行是否正确（在 Linux 中，命令退出状态为 0 表示该命令正确执行，任何非 0 值表示命令出错）。

$ $ 变量最常见的用途是用作暂存文件的名字以保证暂存文件不会重复。

5. 参数置换的变量

Shell 提供了参数置换功能以便用户可以根据不同的条件给变量赋不同的值。参数置换的变量有 4 种，这些变量通常与某一个位置参数相联系，根据指定的位置参数是否已经设置来决定变量的取值，它们的语法和功能分别如下。

（1）变量＝${参数-word}：如果设置了参数，则用参数的值置换变量的值，否则用 word 置换。即这种变量的值等于某一个参数的值，如果该参数没有设置，则变量就等于

word 的值。

(2) 变量＝$ {参数＝word}：如果设置了参数，则用参数的值置换变量的值，否则把变量设置成 word，然后再用 word 替换参数的值。注意，位置参数不能用于这种方式，因为在 Shell 程序中不能为位置参数赋值。

(3) 变量＝$ {参数?word}：如果设置了参数，则用参数的值置换变量的值，否则就显示 word 并从 Shell 中退出，如果省略了 word，则显示标准信息。这种变量要求一定等于某一个参数的值。如果该参数没有设置，就显示一个信息，然后退出，因此这种方式常用于出错指示。

(4) 变量＝$ {参数＋word}：如果设置了参数，则用 word 置换变量，否则不进行置换。

所有这 4 种形式中的“参数”既可以是位置参数，也可以是另一个变量，只是用位置参数的情况比较多。

学习情境 4　认识参数传递

在执行 Shell 程序时，经常需要传递一些参数，参数的格式为 $ n，n 代表一个数字，1 为执行脚本程序的第一个参数，2 为执行脚本程序的第二个参数，以此类推。

【例 9-1】 编写 Shell 程序文件 para. sh，向脚本程序传递两个参数。

```
#!/bin/bash
echo "the frist parameter: $ 1";
echo " the second parameter: $ 2";
```

为脚本设置可执行权限，并执行脚本，输出结果如下。

```
[root@localhost ~]#./para.sh 1 2
the frist parameter::1
the second parameter:2
```

另外，还有几个特殊字符用来处理参数，如表 9-2 所示。

表 9-2　特殊字符及说明

参数处理	说　　明
$ #	传递到脚本的参数个数
$ *	以一个单字符串显示所有向脚本传递的参数
$ $	脚本运行的当前进程 ID 号
$!	后台运行的最后一个进程的 ID 号
$ @	与 $ * 相同，但是使用时加引号，并在引号中返回每个参数
$ -	显示 Shell 使用的当前选项，与 set 命令功能相同
$?	显示最后命令的退出状态。0 表示没有错误，其他任何值表明有错误

学习情境 5　认识运算符

Shell 支持多种运算符。

1. 算术运算符

Shell 算术运算符如表 9-3 所示。

表 9-3 Shell 算术运算符

算术运算符	说明
+	加法
−	减法
*	乘法
/	除法
%	取余
=	赋值
==	相等。判断两个数字是否相等,相等则返回 true
!=	不相等。判断两个数字是否相等,不相等则返回 true

【例 9-2】 编写 Shell 程序文件,演示算术运算符的用法。

```
#!/bin/bash
a=10
b=20

val=`expr $a + $b`
echo "a + b : $val"

val=`expr $a - $b`
echo "a - b : $val"

val=`expr $a \* $b`
echo "a * b : $val"

val=`expr $b / $a`
echo "b / a : $val"

val=`expr $b % $a`
echo "b % a : $val"

if [ $a == $b ]
then
  echo "a 等于 b"
fi
if [ $a != $b ]
then
  echo "a 不等于 b"
fi
```

执行脚本,输出结果如下所示:

```
a + b : 30
a - b : -10
a * b : 200
b / a : 2
b % a : 0
a 不等于 b
```

2. 关系运算符

关系运算符只支持数字,不支持字符串,除非字符串的值是数字,如表 9-4 所示。

表 9-4 Shell 关系运算符

运 算 符	说 明
-eq	检测两个数是否相等,相等返回 true
-ne	检测两个数是否不相等,不相等返回 true
-gt	检测左边的数是否大于右边的,如果是,则返回 true
-lt	检测左边的数是否小于右边的,如果是,则返回 true
-ge	检测左边的数是否大于等于右边的,如果是,则返回 true
-le	检测左边的数是否小于等于右边的,如果是,则返回 true

【例 9-3】 编写 Shell 程序文件,演示关系运算符的用法。

```
#!/bin/bash

a=10
b=20

if [ $a -eq $b ]
then
  echo "$a -eq $b : a 等于 b"
else
  echo "$a -eq $b: a 不等于 b"
fi
if [ $a -ne $b ]
then
  echo "$a -ne $b: a 不等于 b"
else
  echo "$a -ne $b : a 等于 b"
fi
if [ $a -gt $b ]
then
  echo "$a -gt $b: a 大于 b"
else
  echo "$a -gt $b: a 不大于 b"
fi
if [ $a -lt $b ]
then
  echo "$a -lt $b: a 小于 b"
else
  echo "$a -lt $b: a 不小于 b"
fi
if [ $a -ge $b ]
then
  echo "$a -ge $b: a 大于或等于 b"
else
  echo "$a -ge $b: a 小于 b"
fi
if [ $a -le $b ]
then
  echo "$a -le $b: a 小于或等于 b"
else
```

```
  echo "$a -le $b: a 大于 b"
fi
```

执行脚本,输出结果如下所示:

```
10 -eq 20: a 不等于 b
10 -ne 20: a 不等于 b
10 -gt 20: a 不大于 b
10 -lt 20: a 小于 b
10 -ge 20: a 小于 b
-le 20: a 小于或等于 b
```

3. 布尔运算符

Shell 布尔运算符如表 9-5 所示。

表 9-5 Shell 布尔运算符

运算符	说　明
!	非运算,表达式为 true 则返回 false; 否则,返回 true
-o	或运算,有一个表达式为 true,则返回 true
-a	与运算,两个表达式都为 true,才返回 true

布尔运算符实例如下。

```
#!/bin/bash

a=10
b=20

if [ $a != $b ]
then
  echo "$a != $b : a 不等于 b"
else
  echo "$a != $b: a 等于 b"
fi
if [ $a -lt 100 -a $b -gt 15 ]
then
  echo "$a -lt 100 -a $b -gt 15 : 返回 true"
else
  echo "$a -lt 100 -a $b -gt 15 : 返回 false"
fi
if [ $a -lt 100 -o $b -gt 100 ]
then
  echo "$a -lt 100 -o $b -gt 100 : 返回 true"
else
  echo "$a -lt 100 -o $b -gt 100 : 返回 false"
fi
if [ $a -lt 5 -o $b -gt 100 ]
then
  echo "$a -lt 5 -o $b -gt 100 : 返回 true"
else
  echo "$a -lt 5 -o $b -gt 100 : 返回 false"
fi
```

执行脚本,输出结果如下所示:

```
10 != 20 : a 不等于 b
10 -lt 100 -a 20 -gt 15 : 返回 true
10 -lt 100 -o 20 -gt 100 : 返回 true
-lt 5 -o 20 -gt 100 : 返回 false
```

4. 字符串运算符

Shell 字符串运算符如表 9-6 所示。

表 9-6 Shell 字符串运算符

运算符	说　明
=	检测两个字符串是否相等，相等返回 true
!=	检测两个字符串是否相等，不相等返回 true
-z	检测字符串长度是否为 0，为 0 返回 true
-n	检测字符串长度是否为 0，不为 0 返回 true
str	检测字符串是否为空，不为空返回 true

字符串运算符实例如下。

```
#!/bin/bash

a = "abc"
b = "efg"

if [ $a = $b ]
then
  echo "$a = $b : a 等于 b"
else
  echo "$a = $b: a 不等于 b"
fi
if [ $a != $b ]
then
  echo "$a != $b : a 不等于 b"
else
  echo "$a != $b: a 等于 b"
fi
if [ -z $a ]
then
  echo "-z $a : 字符串长度为 0"
else
  echo "-z $a : 字符串长度不为 0"
fi
if [ -n $a ]
then
  echo "-n $a : 字符串长度不为 0"
else
  echo "-n $a : 字符串长度为 0"
fi
if [ $a ]
then
  echo "$a : 字符串不为空"
else
  echo "$a : 字符串为空"
fi
```

执行脚本,输出结果如下所示:

```
abc = efg: a 不等于 b
abc != efg : a 不等于 b
-z abc : 字符串长度不为 0
-n abc : 字符串长度不为 0
abc : 字符串不为空
```

5. 文件测试运算符

文件测试运算符用于检测 UNIX 文件的各种属性,如表 9-7 所示。

表 9-7 Shell 文件测试运算符

运算符	说　明
-b file	检测文件是否为块设备文件,如果是,则返回 true
-c file	检测文件是否为字符设备文件,如果是,则返回 true
-d file	检测文件是否为目录,如果是,则返回 true
-f file	检测文件是否为普通文件(既不是目录,也不是设备文件),如果是,则返回 true
-g file	检测文件是否设置了 SGID 位,如果是,则返回 true
-k file	检测文件是否设置了粘滞位(sticky bit),如果是,则返回 true
-p file	检测文件是否是有名管道,如果是,则返回 true
-u file	检测文件是否设置了 SUID 位,如果是,则返回 true
-r file	检测文件是否可读,如果是,则返回 true
-w file	检测文件是否可写,如果是,则返回 true
-x file	检测文件是否可执行,如果是,则返回 true
-s file	检测文件是否为空(文件大小是否大于 0),不为空返回 true
-e file	检测文件(包括目录)是否存在,如果是,则返回 true

变量 file 表示文件"/home/test.sh",它的大小为 100 字节,具有 rwx 权限。下面的代码将检测该文件的各种属性。

```
#!/bin/bash
file="/home/test.sh"
if [ -r $file ]
then
  echo "文件可读"
else
  echo "文件不可读"
fi
if [ -w $file ]
then
  echo "文件可写"
else
  echo "文件不可写"
fi
if [ -x $file ]
then
  echo "文件可执行"
else
```

```
  echo "文件不可执行"
fi
if [ -f $file ]
then
  echo "文件为普通文件"
else
  echo "文件为特殊文件"
fi
if [ -d $file ]
then
  echo "文件是个目录"
else
  echo "文件不是个目录"
fi
if [ -s $file ]
then
  echo "文件不为空"
else
  echo "文件为空"
fi
if [ -e $file ]
then
  echo "文件存在"
else
  echo "文件不存在"
fi
```

执行脚本，输出结果如下。

```
文件可读
文件可写
文件可执行
文件为普通文件
文件不是个目录
文件不为空
文件存在
```

学习情境6 了解输入与输出

Shell提供了用于输入和输出的命令。

1. 输出

在输出操作中使用得最多的是echo命令，echo命令的功能是将字符串输出到屏幕。

```
[root@localhost ~]# echo Hello World!
Hello World!
```

选项e表示处理特殊字符，例如，在下面的例子中，echo命令识别并输出制表符“\t”。

```
[user@localhost ~]$ echo -e 'Hello\tWorld!'
Hello World!
```

除了 echo 命令外，还有一种功能更强大的输出命令：printf。Shell 中的 printf 命令与 C 语言中的 printf 函数非常相似，功能都是格式化输出数据。

```
[root@localhost ~]# printf "%s\n" 'Hello World!'
Hello World!
```

其中格式部分用引号包围，单引号或双引号都可以。“%s”为格式符，表示输出的格式为字符串，类似的还有“%d”“%c”“%f”等，代表的格式与 C 语言中的相同，“\n”表示自动换行。

2. 输入

使用 read 命令可获取用户的输入，从而提高程序的交互性。

read 命令的作用是从标注输入读取一行数据。此命令可以用于读取键盘输入或应用重定向读取文件中的一行。

例如，新建一个名为 info.sh 的 shell 脚本文件，写入如下内容后保存退出。

```
#!/bin/bash
echo Hello World!
read Name
echo My name is $Name
```

为 info.sh 添加可执行权限：

```
[root@localhost ~]# chmod a+x new.sh
```

执行脚本文件 info.sh，程序先是执行 echo 的输出“Hello World!”，接下来是等待 read 命令的输入，这时我们输入 Zhangsan 回车。

```
[root@localhost ~]# ./info.sh
Hello World!
Zhangsan
My name is Zhangsan
```

学习情境 7 掌握流程控制语句

在 Shell 编程中，通过对选择、循环等流程控制语句的使用，可以编写出功能更为强大的 Shell 脚本。

1. if 语句

if 条件测试语句可以让脚本根据实际情况自动执行相应的命令。if 语句分为单分支结构、双分支结构、多分支结构。

if 条件语句的单分支结构由 if、then、fi 关键词组成，而且只在条件成立后才执行预设的命令，单分支的 if 语句属于最简单的一种条件判断结构。

语法格式如下：

```
if expression
then
  command...
fi
```

if 后为条件测试语句，当测试结果为真，则执行 then 后面的命令，fi 是语句的结束标志，结束标志用倒序字母表示。

【例 9-4】 下面使用单分支 if 条件语句判断/home/test. txt 文件是否存在，若不存在就创建该文件 test. txt。

```
#!/bin/bash
File="/home/test1.txt"
if [ ! -e $File ]
then
      touch /home/test1.txt
fi
```

if 条件语句的双分支结构由 if、then、else、fi 关键词组成，它进行一次条件匹配判断，如果与条件匹配，则执行相应的预设命令；反之，则执行不匹配时的预设命令。

语法格式如下：

```
if expression
then
  command...
else
  command...
fi
```

if 后为条件测试语句，当测试结果为真，则执行 then 后面的命令；否则，执行 else 后的命令。

【例 9-5】 下面使用单分支 if 条件语句判断/home/test. txt 文件是否存在，若存在就输出文件内容；反之，则创建该文件。

```
#!/bin/bash
File="/home/test.txt"
if [ -e $File ]
then
      cat /home/test.txt
else
      touch /home/test.txt
fi
```

if 条件语句的多分支结构由 if、then、else、elif、fi 关键词组成，它进行多次条件匹配判断，这多次判断中的任何一项在匹配成功后都会执行相应的预设命令。

语法格式如下：

```
if expression
then
  command...
elif expression
then
  command...
else
  command
```

```
fi
```

2. case 语句

case 语句为多选择语句，可以用 case 语句匹配一个值与一个模式，如果匹配成功，则执行相匹配的命令。

case 语句格式如下：

```
case value in
     expression1)
         command1
         command2
         ...
         commandN
     ;;
     Expression2)
         command1
         command2
         ...
         commandN
     ;;
     *)
     esac
```

符号")"前面的表达式称为待匹配的模式，取值将检测匹配的每一个模式。一旦模式匹配，则执行完匹配模式相应命令后不再继续其他模式。如果无一匹配模式，使用星号 * 捕获该值。

【例 9-6】 编写脚本，提示用户输入一个字符并将其赋值给变量 KEY，然后根据变量 KEY 的值向用户显示其值是字母、数字还是其他字符。

```
#!/bin/bash
read -p "请输入一个字符,并按 Enter 键确认:" KEY
case "$KEY" in
[a-z]|[A-Z])
echo "您输入的是 字母."
;;
[0-9])
echo "您输入的是 数字."
;;
*)
echo "您输入的是 空格、功能键或其他控制字符."
esac
```

3. for 条件循环语句

for 循环语句允许脚本一次性读取多个信息，然后逐一对信息进行操作处理。

其语法格式如下。

```
for var in item1 item2 ... itemN
do
  command1
```

```
  command2
  ...
  commandN
done
```

变量名可由用户设置，当变量值在列表里，for 循环即执行一次所有命令，使用变量名获取列表中的当前取值。命令可为任何有效的 shell 命令和语句。in 列表可以包含替换、字符串和文件名。

【例 9-7】 编写脚本，顺序输出星期一至星期日。

```
#!/bin/bash
for Day in Monday Tuesday Wednesday Thursday Friday Saturday Sunday
do
  echo $Day
done
```

4. while 和 until 循环语句

while 和 until 循环用于重复运行程序，通过执行命令的返回值控制循环。

while 语句格式如下：

```
while expression
do
    command...
done
```

while 命令的表达式返回值为真时，循环一直进行，do 和 done 之间的命令为重复执行的命令，直到返回值为假，退出循环。

until 命令的语法格式如下：

```
until expression
do
     command...
done
```

和 while 语句相反，until 循环执行一系列命令直至条件为真时停止，退出循环。

【例 9-8】 编写脚本，如果 int 初值为 1，每次循环处理时，int 加 1，返回数字 1 到 5，然后结束循环。

```
#!/bin/bash
int=1
while(( $int<=5 ))
do
  echo $int
  let "int++"
done
```

5. break 和 continue 语句

在循环过程中，有时候需要在未达到循环结束条件时强制跳出循环，可使用 break 和 continue 语句。

break 语句允许跳出所有循环，立即终止执行当前的循环。

学习情境 8 了解函数应用

和其他编程语言类似，Shell 中也有函数的概念，函数是一段命令序列的集合，实现代码重用和模块化编程，为其命名后，使用时直接进行调用即可，这使得程序代码更为简洁，提高了执行效率。

Shell 函数在使用之前，必须先进行定义，格式如下：

```
function function_name {
    list of commands
}
```

也可将 function 关键字省略，但函数名后要加上小括号。

```
function_name () {
  list of commands
}
```

函数名可由用户自行设定，大括号内包含一条或多条命令。

【例 9-9】 编写脚本，对输入的两个数字进行相加运算。

```
[root@localhost ~]# vim functest.sh
#!/bin/bash
Add(){
    read num1
    read num2
    sum=$(($num1 + $num2))
    return $sum
}

Add
echo "The sum is $sum"
[root@localhost ~]# ./functest.sh
1
2
The sum is 3
[root@localhost ~]#
```

任务 2 调试 Shell 程序

在 Shell 脚本程序的编写中，出现错误在所难免，下面是主要的 Shell 脚本调试选项。

-v(verbose 的简称)：告诉 Shell 读取脚本时显示所有行，激活详细模式。

-n(noexec 或 no ecxecution 的简称)：指示 Shell 读取所有命令然而不执行它们，这个选项激活语法检查模式。

-x(xtrace 或 execution trace 的简称)：告诉 Shell 在终端显示所有执行的命令和它们的参数。这个选项是启用 Shell 跟踪模式。

1. 改变 Shell 脚本首行

第一个机制是改变 Shell 脚本首行，如下，这会启动脚本调试。

```
#!/bin/sh 选项
```

其中，选项可以是上面提到的一个或多个调试选项。

2. 调用 Shell 调试选项

第二个是使用如下调试选项启动 Shell，这个方法也会打开整个脚本调试。

```
$ shell 选项   参数 1 ... 参数 N
```

例如：

```
$ /bin/bash 选项   参数 1 ... 参数 N
```

3. 使用 Shell 内置命令 set

第三个方法是使用内置命令 set 去调试一个给定的 Shell 脚本部分，如一个函数。这个机制是重要的，因为它让我们可以去调试任何一段 Shell 脚本。

我们可以使用如下 set 命令打开调试模式，其中选项是之前提到的所有调试选项。

```
set 选项
```

启用调试模式：

```
set - 选项
```

禁用调试模式：

```
set + 选项
```

此外，如果在 Shell 脚本不同部分启用了几个调试模式，可以一次禁用所有调试模式，如下：

```
set -
```

习　　题

一、简答题

1. 简述一个完整的 Shell 脚本程序应该包含哪些内容。
2. 简述如何在 Shell 脚本中进行参数传递。

二、操作题

1. 编写 Shell 脚本程序，输入三个数并进行降序排序。
2. 编写 Shell 脚本程序，用户输入年份后判断该年是否为闰年。
3. 编写 Shell 脚本程序，批量创建 10 个账号，格式为 user[0-9]，初始密码为 12345678。
4. 编写 Shell 脚本程序，实现 1＋2＋3…＋n 累加求和，n 为用户输入的整数。

参考文献

[1] 曲广平. Linux 系统管理初学者指南[M]. 北京：人民邮电出版社，2020.

[2] 刘遄. Linux 就该这么学[M]. 北京：人民邮电出版社，2020.

[3] 高志君. Linux 系统管理与服务器配置[M]. 北京：电子工业出版社，2019.

[4] 杨云. Linux 网络操作系统[M]. 北京：人民邮电出版社，2020.

[5] 鸟哥. 鸟哥的 Linux 私房菜[M]. 北京：人民邮电出版社，2019.

[6] 杨云江. 计算机网络基础[M]. 4 版. 北京：清华大学出版社，2023.

[7] 龙诺春. 课程思政理念下"Linux 操作系统"课程教学研究[J]. 工业和信息化教育，2022，5：85-88，94.

[8] 王英龙，曹茂永. 课程思政我们这样设计(理工类)[M]. 北京：清华大学出版社，2020.

[9] 王焕良，马凤岗. 课程思政设计与实践[M]. 北京：清华大学出版社，2021.